短视频

拍摄与制作

主　编　张雪松
副主编　成继福

北京希望电子出版社
Beijing Hope Electronic Press
www.bhp.com.cn

内 容 简 介

本书将视频编辑软件“剪映”的剪辑技法与精选的短视频案例制作相结合，合理组织内容，共分 8 个模块，主要包括短视频入门必会、短视频拍摄与剪辑入门技法、新手快速出片、视频画面的剪辑和优化、剪映的核心工具、视频特效与转场、音频素材的处理、字幕的添加和编辑等。

本书内容丰富，案例贴合实际，既可作为学校教材使用，也可作为视频内容创作者、剪辑爱好者、自媒体人、新媒体运营人员等的参考书。

图书在版编目（CIP）数据

短视频拍摄与制作 / 张雪松主编. -- 北京:北京希望电子出版社, 2024.9（2025.4 重印）

ISBN 978-7-83002-901-2

I. TB8; TN948.4

中国国家版本馆 CIP 数据核字第 2024N1G517 号

出版：北京希望电子出版社
地址：北京市海淀区中关村大街 22 号
中科大厦 A 座 10 层
邮编：100190
网址：www.bhp.com.cn
电话：010-82620818（总机）转发行部
010-82626237（邮购）
经销：各地新华书店

封面：黄燕美
编辑：祁　兵
校对：石文涛
开本：787mm×1092mm　1/16
印张：16.5
字数：391 千字
印刷：北京天恒嘉业印刷有限公司
版次：2025 年 4 月 1 版 4 次印刷

定价：85.00 元

前　　言

PREFACE

短视频即短片视频，又称微视频，是继文字、图片、传统视频之后新兴的一种内容传播载体。短视频由于时长短，信息密度大，能在碎片化的时间内传递给用户持续不断的信息，契合用户碎片化学习和娱乐的需求。同时，短视频平台以智能算法为基础，广泛地实现了精准分发，使短视频与目标用户精准匹配，是目前企业比较常用的营销方式之一。

党的二十大报告提出：教育、科技、人才是全面建设社会主义现代化国家的基础性、战略性支撑。必须坚持科技是第一生产力、人才是第一资源、创新是第一动力，深入实施科教兴国战略、人才强国战略、创新驱动发展战略，开辟发展新领域新赛道，不断塑造发展新动能新优势。随着移动互联网的普及和网速的不断提升，短视频已成为新媒体、自媒体等内容策划与运营的重要载体形式，短视频行业的蓬勃发展也使得短视频拍摄和剪辑人才的需求加大。

为了满足人们的创作需求，抖音官方相继推出了移动端短视频剪辑工具剪映App和PC端视频剪辑软件剪映专业版，受到了广大短视频创作者的欢迎。剪映是一款功能强大的视频剪辑软件，提供了丰富的视频编辑功能和工具，让用户能够轻松地对视频进行剪辑、增加特效和滤镜、添加音乐等，创作出精美的短视频内容。本书在讲解短视频基础知识和短视频拍摄与剪辑入门技法的基础上，以剪映专业版（Windows版）为操作平台，讲解短视频制作的方法与技巧。

写 / 作 / 特 / 色

1．从零开始，快速上手

无论是否接触过视频创作和剪辑技术，读者都能从本书获益，快速掌握软件操作技能。

2．面向实际，精选案例

本书以热门短视频案例的制作为内容主线，配有案例操作视频，真正实现学以致用。

3．资源丰富，易学易教

本书中的案例视频、拓展的知识点教学视频和其他配套资源通过北京希望电子出版社官方微信公众号提供，其内容与书中知识紧密结合并互相补充。

课 / 时 / 安 / 排

全书共8个模块，建议总课时为42课时，具体安排如下：

序号	内容	理论教学	上机实训
模块1	短视频入门必会	2课时	1课时
模块2	短视频拍摄与剪辑入门技法	2课时	1课时
模块3	新手快速出片	4课时	2课时
模块4	视频画面的剪辑和优化	4课时	2课时
模块5	剪映的核心工具	4课时	2课时
模块6	视频特效与转场	4课时	2课时
模块7	音频素材的处理	4课时	2课时
模块8	字幕的添加和编辑	4课时	2课时

本书结构合理、讲解细致，特色鲜明，侧重于综合职业能力与职业素养的培养，融“教、学、做”为一体，适合作为教材使用。

本书由张雪松担任主编，成继福担任副主编，这些老师在长期的一线教学工作中积累了大量的经验，在写作的过程中始终坚持严谨细致的态度，力求精益求精。

由于编者水平有限，书中疏漏之处在所难免，希望读者朋友批评指正。

编 者

2024年9月

微信扫码

☑AI短视频剪辑师

☑配套伴学资源

☑拍摄技巧分享

☑剪辑指导精讲

目　录
CONTENTS

模块1　短视频入门必会

模块2　短视频拍摄与剪辑入门技法

Let's go now

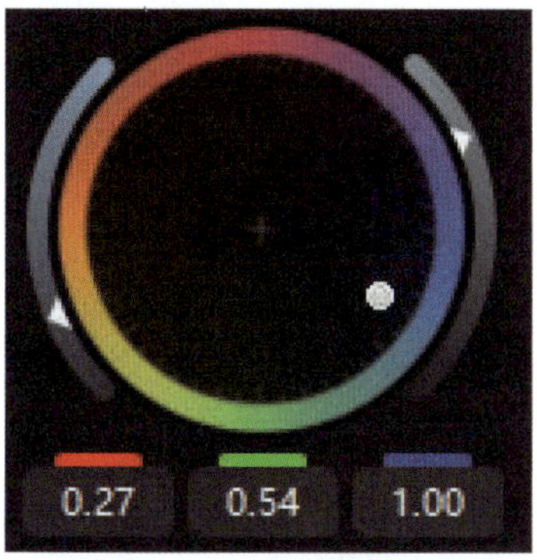

模块4 视频画面的剪辑和优化

模块5 剪映的核心工具

模块6 视频特效与转场

智能穿戴
科技轻盈 生活无限
智慧穿戴 未来已来
FUTURE × WISDOM

新的一年

运动
运动是生
生命因活

但我还是喜欢你

Urban Structure Matters
可你并不在意我的出席

传统特色，手工月饼
中秋佳节 月圆人团圆

那就用黑暗的厚幕把我盖上

模块1

短视频入门必会

内容概要

在数字化时代，短视频已成为一种流行的内容形式，它以其独特的魅力吸引着越来越多的创作者和受众。要想快速学会短视频制作技巧，掌握一些基础知识是必不可少的。从选择合适的短视频类型到掌握制作流程，每一步都至关重要。本模块从短视频的界定、制作流程以及制作工具三个方面来介绍短视频入门的必备知识和技能。

1.1 短视频概述

随着移动互联网技术的迅猛发展和智能设备的普及，短视频已成为当下非常热门的娱乐方式之一。它以生动、直观、有趣的方式，迅速引发了人们的关注。无论是娱乐消遣、信息传播还是商业推广，短视频都展现出了巨大的潜力和价值。

■1.1.1 短视频的兴起与流行

随着人们对信息获取和娱乐消费的需求日益增长，短视频应运而生，并迅速成为一种广受欢迎的传播方式。短视频的崛起不仅革新了信息的传播途径，更深刻地影响了人们的日常生活方式。

短视频的出现，实现了人们在快节奏生活中对于碎片化时间的有效利用。在等车、排队等短暂的空闲时间里，观看一两个短视频，既能放松心情，又可以消磨时间，同时还能快速获取到各种有用的信息。

短视频的流行，也得益于其制作门槛的降低和传播渠道的多样化。随着智能手机的普及，越来越多的人可以轻松制作并分享自己的短视频内容。例如，人们会利用手机的拍摄功能和相关的编辑工具实时记录身边发生的事情，并将它们分享到各类社交媒体上，从而获得关注和点赞。短视频为普通人提供了自我展示平台，甚至催生了众多的网红，这是短视频能够快速流行起来的原因之一。

短视频的兴起与流行，对传统媒体也产生了冲击。传统媒体在信息传播的速度、互动性等方面存在局限性，而短视频则能够在这方面更好地满足现代人对信息获取的需求。例如，在新闻报道方面，一些短视频平台实时更新新闻事件的进展情况，将其迅速传递给受众，从而获得了更多的关注和认可。

总而言之，短视频的兴起与流行顺应了时代的发展。它不仅改变了人们的娱乐消费方式，也为内容创作者提供了更多机会，推动了文化的多元化发展。在未来，随着技术的不断进步，短视频将继续以它独有的魅力，进一步影响和改变人们的生活。

■1.1.2 短视频的特点

现如今，短视频已经成为时下流行的信息传播方式之一，因其独有的特点受到了人们广泛的关注和喜爱。

1. 时间短

时间短是短视频最显著的一个特点。一般而言，短视频的时间从几秒钟到几分钟不等，这种短小精悍的特性使得其非常适合在快节奏的现代生活中观看。例如，在忙碌工作的间隙，人们通过快速浏览几个短视频来放松心情，缓解生活和工作的压力。

2. 种类多

短视频的种类很多，涵盖生活、学习、娱乐等各个领域。无论用户是对美食、旅行、科学知识，还是对搞笑幽默段子感兴趣，都可以在短视频平台上找到相关的短视频内容。

3. 内容精

由于短视频时长的限制，制作者需要在有限的时间内，清楚地展现出短视频的内容和观点，这就需将复杂的内容精练化，用最简洁的方式进行叙述，以确保观众能够在短时间内理解和接受。

4. 视觉效果强

短视频非常注重视觉效果和创意。许多短视频通过精美的画面、巧妙的剪辑和创新的表现手法，给观众带来强烈的视觉冲击和情感体验。例如，一些用无人机拍摄的短视频能够展现出令人震撼的自然风光和城市景观，让人仿佛亲身体验了一场空中之旅。

5. 互动性强

短视频的互动性也是其受欢迎的原因之一。观众不仅可以点赞、评论和分享自己喜欢的视频，还可以通过挑战、模仿等方式参与内容的创作。这种参与感使得短视频平台不仅是观看的场所，更是交流和创作的社区。

6. 传播力强

短视频具有极强的传播力。由于其简短和易于分享的特点，一个有趣或有用的短视频可以在短时间内迅速传遍网络，甚至引发广泛的社会关注和讨论。这种传播力使得短视频成为品牌营销和个人展示的强有力工具。

■1.1.3 短视频的构成要素

一段完整的短视频主要是由视频内容、封面标题、视频配乐、视觉效果、标签简介5个要素构成的。

1. 视频内容

内容是构成短视频最核心的一个要素。短视频的内容可以多种多样，从日常生活琐事到专业知识分享，从娱乐搞笑片段到艺术创作展示等。短视频内容的丰富多彩是吸引观众的关键，也是短视频能否走红的一个决定性因素。创作者需要精心选择主题，确保内容或者新颖、或者有趣、或者有意义。

2. 封面标题

封面标题对短视频来说非常重要，标题是短视频内容最直接的呈现，是吸引观众关注并观看的敲门砖。一个好的封面标题可以吸引观众的注意力，增加视频点击率和观看率，同时也能有效传达短视频的主题思想。

3. 视频配乐

配乐也是构成短视频不可或缺的一个部分。如果说封面标题决定了短视频的点击量，那么配乐就决定了短视频的基调。合适的配乐和音效能够增强短视频的情感表达，使内容更加吸引人。此外，清晰的语音解说也同样重要，尤其是在传递具体信息或相关知识时。

4. 视觉效果

短视频的视觉效果同样也不容忽视，它包括画面质量、颜色搭配、特效应用等在内的视觉元素，这些元素会影响到观众的心理感受。高清晰度的短视频更容易获得观众的青睐。此外，适当的特效和创意编辑能够让短视频更加生动有趣。

5. 标签简介

通过精准的标签和吸引人的内容简介，可增加短视频在平台上的可见度，从而使其更容易被目标观众所发现。标签应与短视频内容相关联，能够准确概括短视频的主题和特点。而内容简介则应该简短明了，不仅吸引观众的眼球，同时也能够概括短视频的主要内容和亮点。

1.2 短视频的种类

短视频种类繁多，各具特色。下面从短视频内容和短视频推广渠道两个方面对短视频的种类进行总结介绍。

1.2.1 根据短视频内容来划分

短视频内容的多样性让其能够触及生活的方方面面，满足不同观众的需求和兴趣。从视频内容上分类，短视频可分为以下几种主要类型。

1. 娱乐搞笑型

这类短视频以幽默、搞笑为主要特征，为观众提供轻松、愉快的观看体验。其内容包括幽默情景短剧、模仿秀、动物趣事等，如图1-1所示。

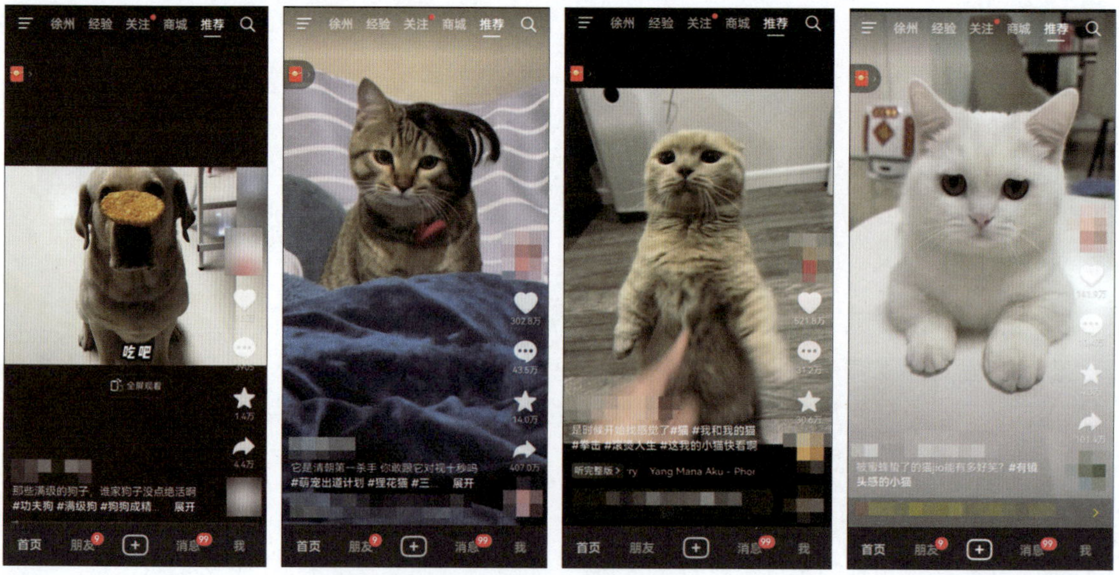

图 1-1 萌宠趣事视频片段

2. 生活记录型

这类短视频记录了创作者的日常生活，包括美食制作、旅行记录、日常生活等。通过分享个人经验和生活点滴与观众建立起连接。该类视频常用生动的画面、优美的配乐、流畅的剪辑和独特的叙事方式，在有限的时间内展示出生活的精彩与美好，如图1-2所示。

图 1-2　某文旅平台制作的新年视频

3. 技能分享型

这类短视频以知识科普、技能分享为主要特征，在提供娱乐的同时传递有价值的信息和知识。其内容涵盖了语言学习、科学实验、历史故事、数码产品评测等方面，如图1-3所示。

图 1-3　办公教程分享视频

4. 时尚美妆型

这类短视频通常以穿衣打扮和美容美妆为主要特征，通过展示和讲解时尚穿搭、美妆技巧等吸引观众，其目的是提供美容和时尚方面的指导和灵感。这类短视频内容涵盖了化妆技巧、护肤品推荐、发型设计、穿搭建议等，如图1-4所示。

图 1-4　国外时尚博主介绍片段

5. 新闻播报型

这类短视频通常以简短、客观的方式呈现新闻事件、时事热点和重要资讯等信息，以满足观众对信息和新闻的需求。该类短视频会比较注重主播的语言风格、报道的准确性和客观性、画面剪辑的流畅性和逻辑性三个方面，以提高观众的观看体验和对新闻信息的接受程度，如图1-5所示。

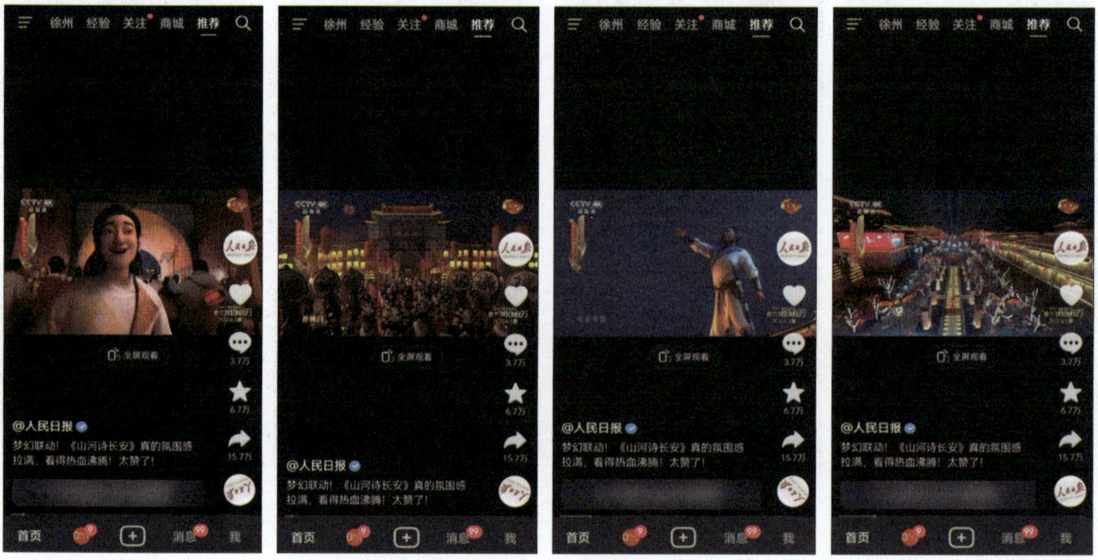

图 1-5　某媒体平台春晚视频片段

6. 商业营销型

这类短视频比较专注于产品展示、品牌故事和营销策略等方面的内容，它适应当代用户碎片化收集信息的习惯，使观众在短时间内快速了解品牌或产品的核心特点，传达关键营销信息，为企业和品牌提供一个展示和推广的平台，如图1-6所示。

图 1-6　某企业宣传片段

7. 影片解说型

这类短视频以解读电影或电视剧的剧情为主要特征，通过分析剧中的人物角色、探讨主题思想、解析电影拍摄技巧等方面，帮助观众快速理解影片内容，引导观众发现影片中的细节及深层含义。此外，这类短视频对电影或电视剧的宣传和推广起到了引流作用，如图1-7所示。

图 1-7　某电影解说片段

■1.2.2　根据短视频推广渠道来划分

短视频之所以成为当前热门的网络传播方式之一，其推广渠道很关键。短视频的推广渠道丰富多样且有效，它可以帮助企业、产品或个人迅速提升知名度和影响力。下面介绍几种主要的视频推广渠道。

1. 短视频播放平台

抖音、快手、视频号、腾讯微视等平台在中国市场占据主导地位，具有极高的用户活跃度和参与度，是品牌和个人推广的重要平台，如图1-8所示。

图 1-8　快手官网横幅

2. 社交媒体平台

社交媒体平台是最直接且普遍的短视频推广渠道，如微信、微博、QQ等。这些平台拥有庞大的用户基础，传播性很强，信任程度较高，在这些平台发布短视频能够迅速引起关注，如图1-9所示。

图 1-9　QQ 官网平台

3. 在线视频平台

以优酷、爱奇艺、腾讯视频、哔哩哔哩等为主的在线视频平台，虽然以长视频为主，但同样也是短视频推广的重要渠道之一。在这些平台中插入高频推送的创意类短视频，会有机会引起广泛的关注和传播，如图1-10所示。

4. 各类资讯平台

以今日头条、知乎、百家号等为主的资讯类平台，通过平台自身的推荐机制来获取流量，对自媒体创作者来说是非常有效的推广渠道之一。

图 1-10 哔哩哔哩官网首页

1.3 短视频制作流程

短视频制作大致分为主题定位、脚本策划、视频拍摄与剪辑、视频发布4个主要流程。下面分别对这些流程进行详细说明。

1.3.1 主题定位

短视频主题定位指的是所要制作的视频内容将围绕哪个具体的主题或领域展开，这个主题或领域应当既符合自己的兴趣和专长，又能够吸引特定的观众群体。

例如，你是一名健身教练，那么选择“家庭健身指南”也许就是一个很好的主题定位。在该主题下，可以分享各种不需要借助健身器材也能进行的健身动作，提供健身计划，甚至是健康饮食建议。这样不仅能够吸引那些想要健身却又苦于没有时间去健身房的人群，也可以为那些需要改善目前亚健康生活方式的人群提供建议和帮助。

精准的主题定位可以让制作的短视频更容易被目标观众发现，从而建立起忠实的观众群。然而，主题定位并不意味着其内容必须局限在一个非常狭窄的范围内。以“家庭健身指南”主题为例，虽然其聚焦于家庭健身，但内容可以延伸到相关的领域，如健康饮食、心理健康等，这样既可以保持主题的一致性，又能够丰富内容，增加观众的黏性。

此外，主题定位需要了解和分析目标观众。创作者需要考虑到目标观众是谁，了解他们的兴趣、偏好以及观看短视频的习惯，这有助于创作者制作出更符合观众口味的内容。例如，年轻观众可能更喜欢时尚和娱乐等方面的内容，而年长观众可能更偏爱教育或健康等方面的内容。

主题定位是短视频内容创作的基石，它能让创作者在众多的短视频领域中找到自己的定位，吸引感兴趣的观众，建立起自己的品牌。无论你是健身达人，还是有着其他专长和热情的创作者，只要定位好主题方向，就可以在这个充满一切可能性的平台中大放光彩。

■1.3.2 脚本策划

脚本策划是短视频制作的一个关键步骤，它不仅能帮助创作者明确视频的核心内容，还能够指导视频的拍摄与剪辑，确保视频能够按照脚本有效传递信息。简单来说，优质的脚本就像是工程建筑的设计蓝图，它决定了视频的结构、内容、风格和目标。

例如，假设创作者想制作一个以“在家制作咖啡”为主题的短视频，首先就要确定该短视频的目标观众是初学者还是有一定基础的咖啡爱好者。目标观众的不同，其脚本内容和呈现方式也会有所不同。

主题定位好后，接下来就是构思脚本的框架。创作者可以将视频分为开头、中间、结尾三个部分。在开头部分，可以简短地介绍视频的主题和目的，比如抛出一个问题来吸引观众的注意力。中间部分是视频的主体，可以分步骤展示咖啡的制作过程，每一步都进行简洁明了的解释，同时可以穿插一些小技巧或者知识点，比如如何选择咖啡豆、水温的控制等。在结尾部分，可以展示成品，并鼓励观众尝试制作。同时也可提出下一个视频的预告，以增加观众的参与感和期待感。

在脚本策划过程中，创作者需要注意以下几点。

- **简洁明了：**由于短视频的时长限制，每一个镜头和每句话都应精简有力，尽量避免冗余的内容。
- **视觉吸引：**要考虑如何通过视觉元素吸引观众。比如使用高质量的图像，或者生动有趣的动画，以及符合视频风格的字幕等。
- **情感连接：**要考虑如何在视频中建立与观众的情感连接，可以通过幽默、激励、共鸣等多种方式来建立。
- **明确呼吁行动：**在视频的结尾，明确告诉观众希望他们采取什么行动，比如点赞、分享或留言等。

好的脚本是经过不断试错提炼出来的，它可帮助创作者深层次地了解目标受众，从而制作出更加出色和更受欢迎的短视频作品。

■1.3.3 短视频拍摄与剪辑

短视频的拍摄与剪辑是一个需要创意和细心的过程。从拍摄准备到拍摄阶段，以及后期剪辑，每一步都需要精心策划和执行。

1. 拍摄准备

以拍摄“美食制作”主题短视频为例，在该阶段，需要事先准备好所有的食材和烹饪工具，并考虑如何通过镜头来展示每一个步骤。同时，还要考虑到短视频的时间限制，尽量规划好每一个镜头的拍摄时间，以保证短视频内容的完整性和简洁性。

2. 拍摄阶段

对于美食短视频来说，现场光线很关键。尽量选择自然光线充足的环境，这样可使食物看起来更加诱人。创作者可以使用三脚架或其他稳定设备来保证画面的稳定性，避免因手抖影响观感。在拍摄过程中可采用不同的角度和构图，比如俯视、平视或微距等，这样会让短视频画面更加丰富和有趣。

3. 后期剪辑

剪辑是决定短视频最终呈现效果的一个关键步骤。创作者可以先挑选出最优质的镜头，去除那些画面模糊或者不相关的部分。接着，利用剪辑工具对视频画面进行调色，从而增强食物的色彩饱和度。然后再根据内容的逻辑顺序，合理安排每个镜头的先后顺序。在这个过程中可以加入一些过渡效果，使视频流畅自然。此外，适当添加背景音乐和文字说明，可以增强视频的情感表达和信息传递。

剪辑阶段不单是对画面和声音的简单拼接，更是对整个视频内容、风格和信息传达的精心雕琢。创作者需具备专业的剪辑技能和审美水平，同时还需要有足够的耐心处理视频中的每一处小细节。

1.3.4 短视频发布

内容创作完成后，接下来就要进入发布阶段了。短视频的发布不仅仅是上传一个视频那么简单，它会涉及平台的选择、标题和描述的优化、合适的发布时间以及后期的互动等多个环节。

1. 选择发布平台

不同平台有着不同的受众群体和内容偏好。以发布美食短视频为例，可以选择在抖音、哔哩哔哩或美食资讯等平台上发布。这些平台拥有大量对美食感兴趣的用户群体，视频发布后可获得更多的关注和认可。

2. 优化标题和描述

一个吸引人的标题能够有效增加视频的点击率，而详细且包含关键词的描述则有助于视频在搜索结果中脱颖而出。例如，对于“家常豆腐”的美食短视频，可将标题定为“5分钟学会家常豆腐，简单美味！”，并且可在描述中进一步介绍视频内容，甚至附上制作步骤的简要说明和所需食材介绍。

此外，添加相关的标签可让视频更容易被有相同兴趣的用户关注。比如，在“家常豆腐”视频下方可添加“美食制作”“快手菜”“家常菜谱”等标签。

3. 合适的发布时间

发布时间也是一个不容忽视的因素。不同的平台和受众群体，每天的热度峰值分布在不同的时间段。例如，对于年轻人而言，晚上和周末是他们观看短视频的主要时间段。因此，选择在这些时间段发布短视频能够获得更多的观看次数和关注度。

4. 做好互动与反馈

发布视频后，积极回应观众的评论，这样可建立起与观众之间的良好关系，提升观众的忠诚度。同时，通过观察和分析观众的反馈，可以了解到哪些内容受到欢迎，哪些方面还需要改进，从而不断优化视频内容。

1.4 短视频制作常用工具

使用合适的视频制作工具可以使创作者事半功倍地创作短视频，如Premiere、After Effects、剪映等，这些工具的特点各有不同。下面对一些常用的剪辑工具进行简要说明。

■1.4.1 视频录制工具

除了实景拍摄短视频外，很多技能分享类视频，尤其是办公技能类视频基本上是利用屏幕录制工具来制作的。对于这类录制工具，Camtasia Recorder软件为首选。该软件是一款专业的屏幕录像软件，具有即时播放、视频编辑等功能，且支持输出AVI、MOV等多种格式，被广泛应用于教育教学领域，如图1-11所示。

图 1-11 Camtasia Recorder 录屏工具栏

如果需要用手机进行录制，那么可选择DU Recorder、AZ Screen Recorder等录屏APP来制作。这类APP比较适合录制手机屏幕上的操作教程或游戏短视频，同时还可添加相关音频和文字。

■1.4.2 视频编辑工具

在视频处理领域，Premiere Pro（PR）和After Effects（AE）都是比较常用的专业工具，其中PR软件比较擅长视频转场处理与素材调整，如图1-12所示，而AE软件较擅长视频特效、动画的添加与制作。

图 1-12 Premiere Pro 软件操作界面

PR和AE软件在视频剪辑方面功能都很强大，比较适合专业的视频制作人员使用，对于初学者来说需要花一定的时间来学习。为了帮助这部分用户也能够轻松拍摄和剪辑视频，市面上出现了一大批轻量化的剪辑工具，其中剪映工具就是众人皆知的视频剪辑软件。

剪映是由字节跳动公司推出的一款免费视频剪辑软件，是一款多功能且易于使用的视频编辑软件，支持macOS、iOS、Android以及Windows系统。

剪映上手非常简单，它并没有提供对普通人来说过于专业的功能，用户只需要拖动视频素材到窗口就可以直接剪辑，并支持视频参数调节，支持多轨道。另外，剪映还提供了内置的素材库，素材的类型包括视频、音频、文字、贴纸、特效、转场、滤镜等，用户无须再到视频素材网站中寻找素材，一键便可将素材库中的素材添加到视频中，即使是新手，通过简单的学习也能够快速制作出效果不错的视频，如图1-13所示。

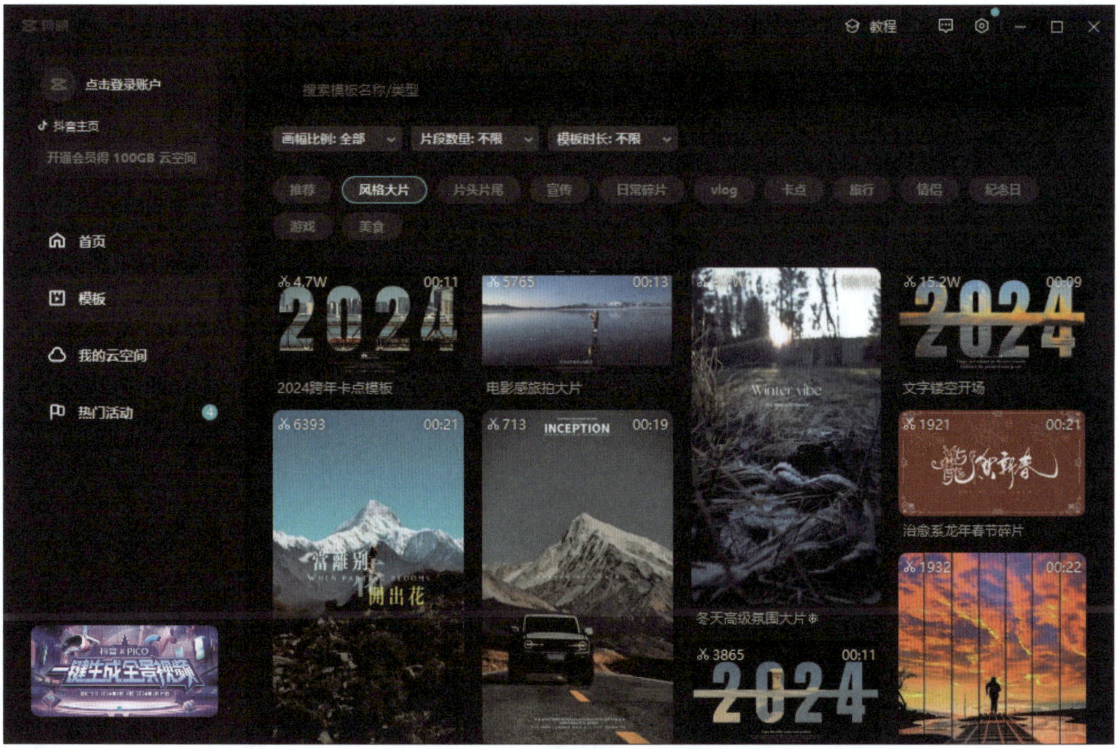

图 1-13　剪映模板界面

模块 2 短视频拍摄与剪辑入门技法

内容概要

无论是专业影视制作，还是个人自媒体创作，掌握基本的视频拍摄与剪辑技法都非常重要。从捕捉生活点滴到创作精美短片，从简单的剪辑到高级的特效处理，这些技法都可帮助人们更好地记录生活，让创意和想法得以更直观地展现。

2.1 了解拍摄设备

在学习拍摄技法前，先要熟悉一些常用的拍摄设备，如摄像设备、拍摄支架、拍摄灯光设备、收音设备等。下面将对这些设备进行简单的介绍。

■2.1.1 摄像设备

对于初学者来说，要想快速学会视频拍摄技法，那么手机无疑是最佳的选择。与其他摄像设备相比，手机较为方便，自由度很高，能够随时随地记录自己身边发生的事。特别是对于一些突发事件，手机拍摄就发挥了它的重要性。而且现在的智能手机都配备了高分辨率的摄像头，以及各种拍摄模式，如夜景模式、人像模式等，这些足以应对大部分的短视频拍摄需求，如图2-1所示。

此外，使用手机外接镜头可以弥补手机自身镜头设置的欠缺，如拍摄范围、调焦间距不够等。常用的手机外接镜头有超广角镜头、微距、长焦和鱼眼镜头等，如图2-2所示。

图 2-1　手机拍摄

图 2-2　手机外接镜头

随着对短视频创作的深入开发，一些专业的摄像设备如单反相机、微单相机或者专业摄像机开始进入视野。这些摄像设备通常拥有更出色的图像传感器、更大的光圈和更丰富的手动控制选项，能够拍摄出更高质量的视频。图2-3所示的是广播级别的摄像机，这类摄像机一般应用于演播室或录音棚中，它具有图像质量高、性能高等特点。图2-4所示的是家用摄像机，它适用于家庭娱乐、户外旅游拍摄等。这类机型体积较小，质量较轻，便于携带，但其拍摄图像的质量会低于广播级别的摄像机。

图 2-3　广播级别摄像机

图 2-4　家用摄像机

■2.1.2　拍摄支架

拍摄支架是用来支撑摄像设备的一个重要工具。它不仅能稳定摄像设备，还能帮助创作者实现各种拍摄角度和效果。常见的拍摄支架有三脚架、摄像滑轨、稳定器、摇臂和无人机等。

1. 三脚架

三脚架（图2-5）是比较常见的摄像支架之一。它由三个支脚组成，通过调整支脚的长度和角度，可以将摄像设备稳定地放置在任何平面上。三脚架适合拍摄需要长时间固定机位的场景。

2. 摄像滑轨

摄像滑轨（图2-6）是一种可以水平或垂直移动的摄像支架。它通常由轨道和滑块两部分组成，摄像设备可以安装在滑块上，通过手动或电动控制滑块的方式在轨道上移动，实现平滑的推拉镜头效果。滑轨适合拍摄需要展现场景深度或动态效果的短视频。

3. 稳定器

稳定器是（图2-7）一种能够抵消摄像设备抖动，保持画面稳定的支架。它通常配备有陀螺仪和电机，可以通过算法和机械结构来自动调整摄像设备的姿态，使画面始终保持平稳。稳定器适合拍摄移动状态的视频场景，如人物运动场景、街头采访等。

图 2-5　三脚架

图 2-6　摄像滑轨

图 2-7　稳定器

4. 摇臂和无人机

摇臂（图2-8）是一种可伸展和旋转的摄像支架，通常用于拍摄大型场景或需要从高空视角捕捉画面的短视频。无人机（图2-9）则是一种可以飞行的摄像支架，可以拍摄出独特的空中视角和动态效果。这些高级支架设备适合专业影视制作或特殊拍摄需求。

图 2-8 摄像摇臂

图 2-9 无人机摄像

提示：自拍杆也是比较常用的一种拍摄支架。它可在20 cm到120 cm的长度之间任意伸缩，拍摄者将手机固定在伸缩杆上，通过遥控器就能实现多角度自拍。

2.1.3 灯光设备

选择合适的灯光设备不仅可以照亮被摄对象，还能营造出不同的氛围和效果。常见的拍摄灯光设备包含LED平板灯、聚光灯、环形灯、反光板和柔光箱几种。

1. LED平板灯

LED平板灯（图2-10）以其轻便和能效高的特点受到众多摄影师和视频创作者的青睐。它具有节能、环保、发热量小等优点，能够提供稳定而均匀的光线，并可通过调节亮度和色温来实现不同的照明效果。

2. 聚光灯

聚光灯（图2-11）是一种传统的灯光设备，具有高亮度和可调节色温等特点。它常用于营造温馨、浪漫的氛围，多用于家庭、餐厅等场景的拍摄。

图 2-10 LED 平板灯

图 2-11 聚光灯

3. 环形灯

环形灯（图2-12）是一种形状为圆环的光源，能够提供均匀的光线，适合用于拍摄细节丰富的特写镜头，如美妆、人物等拍摄场景。它可放在拍摄对象的前方或上方，光线十分柔和。

4. 反光板和柔光箱

它们属于辅助灯光设备。反光板可以用来反射光线，增加被拍摄对象的亮度；而柔光箱则可以将光线柔化，减少光线对画面产生的硬朗感，营造出柔和的氛围，打造出自然、和谐的光影效果。如图2-13所示的是反光板，图2-14所示的是柔光箱。

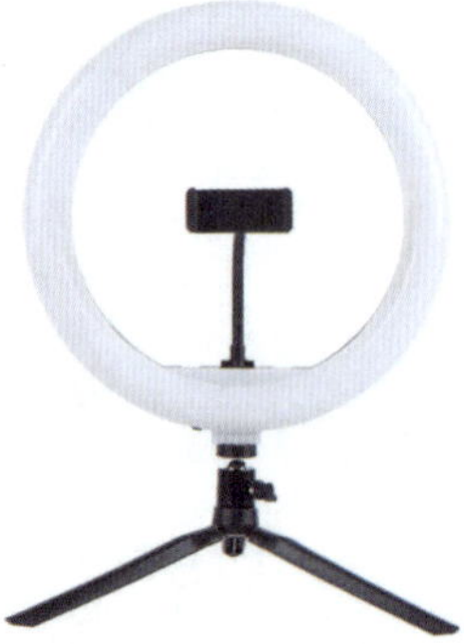

图 2-12　环形灯

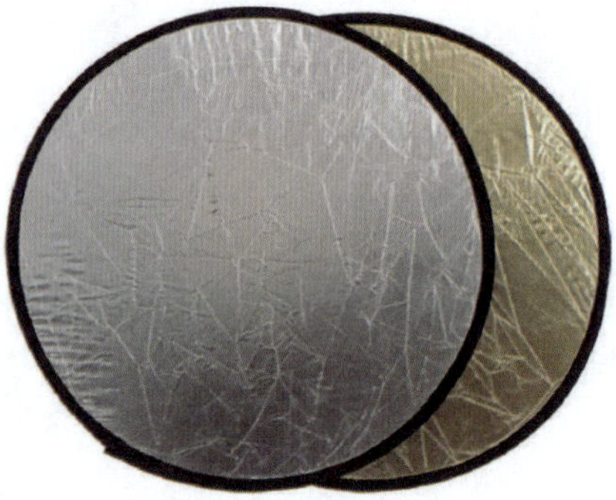

图 2-13　反光板

图 2-14　柔光箱

2.1.4　收音设备

在拍摄过程中，除了保证画面的质量外，音频质量也同样重要。优质的音频不仅能提升观众的观看体验，还能更好地传达出视频的情感和信息。目前常见的收音设备有内置麦克风、领夹式麦克风、手持麦克风以及USB麦克风。

1. 内置麦克风

几乎所有的摄像机和智能手机都配备了内置麦克风，这是最方便、成本最低的收音方式。内置麦克风通常会捕捉到大量的环境噪声，且音质较差，因此更适合非专业的日常拍摄使用。

2. 枪式麦克风

枪式麦克风（图2-15）能够集中捕捉来自特定方向的声音，同时抑制来自其他方向的噪声。这种麦克风非常适合在户外或嘈杂环境中使用，如采访、纪录片拍摄等。

图 2-15　枪式麦克风

3. 领夹式麦克风

领夹式麦克风（图2-16）小巧便携，可以轻松夹在讲话者的衣领上，非常适合视频博客、访谈或任何需要手部动作的场合。领夹式麦克风能够在保持一定隐蔽性的同时，捕捉到清晰的声音。

4. 手持麦克风

手持麦克风（图2-17）是现场直播、采访常用的一种设备，它通常具有良好的音质和较强的耐用性。手持麦克风可以直接拿在手中，也可以使用麦克风架固定，适合多种使用场景。

5. USB麦克风

USB麦克风（图2-18）因其简单的即插即用特性和不错的音质而受到许多创作者的喜爱。USB麦克风可以直接连接到计算机，非常适合进行网络直播、播客或音乐制作。

图 2-16 领夹式麦克风

图 2-17 手持麦克风

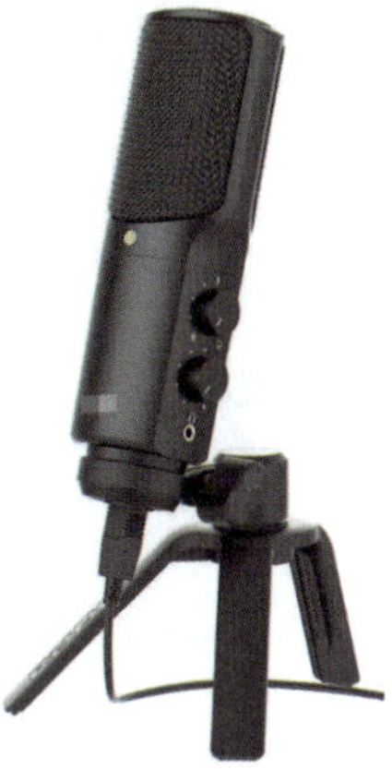

图 2-18 USB 麦克风

2.2 了解拍摄的基本参数

要想拍出高质量的视频，仅仅依靠摄像头硬件本身是不够的，合理设置拍摄参数才是提升视频质量的关键。从画面的分辨率、帧率，到对焦测光设置，每一个参数的调整都会对最终的视频效果产生重要影响。下面以手机拍摄为例介绍拍摄时常用的参数设置操作。

2.2.1 对焦与测光

视频拍摄最基本的要求就是画面要保持清晰。这就会涉及两个重要概念：镜头对焦和画面测光。对焦就是调节镜头与被摄物体之间的距离，让被摄物体在画面中清晰地呈现出来。

开启手机录像功能后，手机会自动对画面的主体进行对焦和测光。在自动对焦模式下，镜头通常会优先对焦距离相机最近的物体，从图2-19所示的图片中可以看出，距离相机最近的冰墩墩拍摄得比较清晰，而距离较远的绿萝就相对模糊些。

如果想要清楚地拍摄到远处的绿萝，那么只需在画面中点击绿萝，会出现一个对焦框以及太阳图标，这说明镜头已对焦到绿萝物体上。这时绿萝就会非常清晰地展示出来，而前面的冰墩墩就会比较模糊，如图2-20所示。

画面测光是用于调整拍摄画面中光线的明暗程度，俗称曝光调整。让拍摄的画面既不过曝，也不欠曝。与镜头对焦相同，相机会对拍摄场景进行自动测光。

自动测光后，如果画面光线还是不理想，那么拍摄者可以手动调整测光值。镜头对焦后，滑动对焦框右侧小太阳图标即可调整画面光线。向上滑动太阳图标，可增加曝光，让画面变得更亮，如图2-21所示；向下滑动太阳图标则可减少曝光，画面会变得灰暗，如图2-22所示。

图 2-19　自动对焦

图 2-20　镜头对焦绿萝

微信扫码

☑AI短视频剪辑师
☑配套伴学资源
☑拍摄技巧分享
☑剪辑指导精讲

图 2-21　增加曝光

图 2-22　减少曝光

■2.2.2 拍摄参数的设置

在学习拍摄技能前，了解一些拍摄的基本参数是很有必要的。例如，什么是帧率、分辨率、画面比例等。下面分别对其进行介绍。

1. 帧率

帧率是指每秒钟可以录制多少帧画面。常见的帧率有24 fps、30 fps和60 fps等。24 fps是电影行业的标准，因为它能提供电影般的流畅感。30 fps是视频录制的常见帧率，适合大多数普通场景的拍摄。而60 fps则更加流畅，常用于运动或快速动作的拍摄，因为它能更好地捕捉细节，使动作看起来更顺滑。选择哪种帧率，主要取决于拍摄内容和拍摄者想要达到的效果。

一般来说，帧率越高，视频质量就越好。但需要注意的是，较高的帧率会增加视频文件的大小和提高传输带宽的要求。

手机默认的拍摄帧率通常为30 fps，如果需要调整其帧率，那么在进入录像模式后，单击右上角的“设置”按钮，如图2-23所示。在“设置”界面中选择“视频帧率”选项，并在打开的列表中选择其他帧率值即可，如图2-24所示。

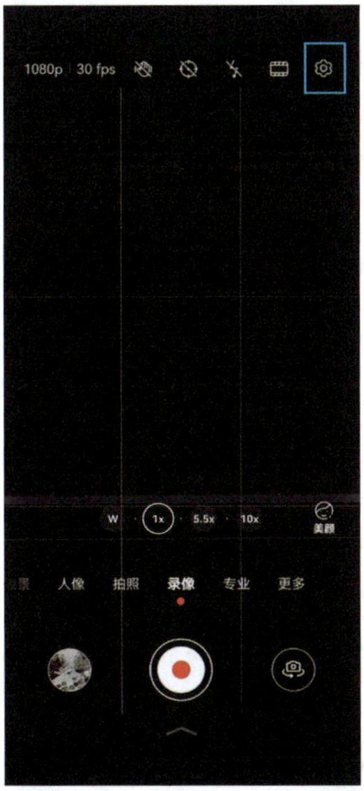

图 2-23 选择“设置”

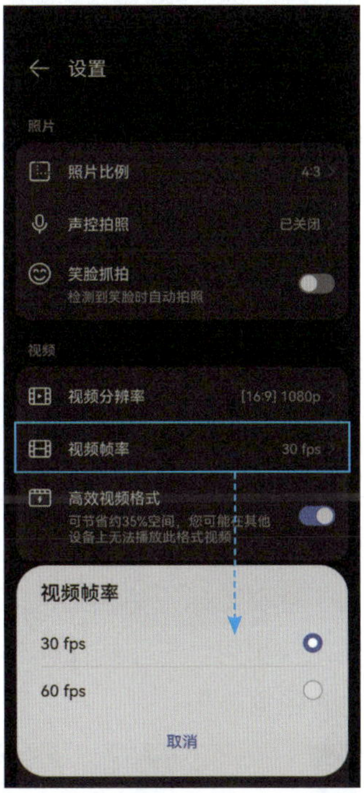

图 2-24 选择帧率值

2. 分辨率

分辨率决定了视频的清晰程度，分辨率的单位为像素（pixel）。它表示视频图像的水平和垂直方向上的像素数量，如1 080P（1 920×1 080）、4K（3 840×2 160）等。分辨率越高，视频的细节就越丰富，观感也就越清晰。但同时，高分辨率的视频也会占用更多的存储空间，并且对设备的处理能力要求更高。因此，在选择分辨率时，要根据自己的需求和设备性能做决定。拍摄者可在手机“录像”模式的“设置”界面中选择“视频分辨率”选项进行设置，如图2-25和图2-26所示。

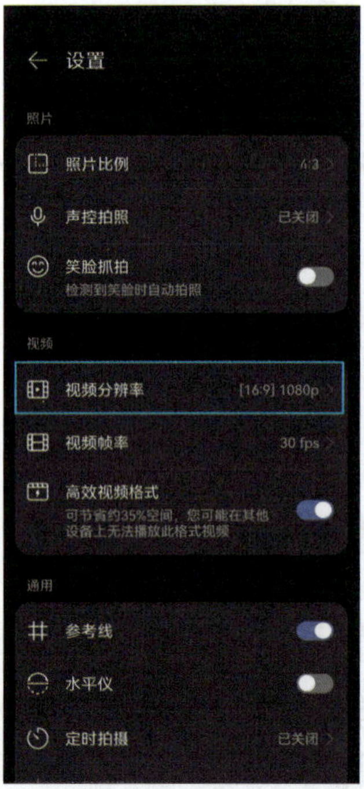

图 2-25　选择“视频分辨率”

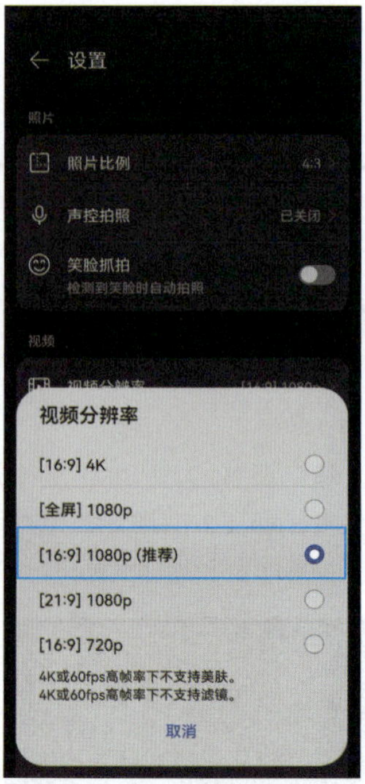

图 2-26　选择分辨率

微信扫码
☑AI短视频剪辑师
☑配套伴学资源
☑拍摄技巧分享
☑剪辑指导精讲

提示：如果视频内容很短，可选择4K分辨率进行拍摄，这样在剪辑时可进行二次构图，导出时选择主流的1 080 P是不会影响到画面清晰度的，但这仅限于短视频。

3. 画面比例

画面比例是指视频画面的宽度和高度之间的比例关系。常见的画面比例有4∶3、16∶9和1∶1。

其中，16∶9是目前最为普遍的视频画面比例，适用于大多数电视和电脑屏幕，如图2-27所示；而1∶1通常用于社交媒体上的视频，因为它更适合手机屏幕的垂直查看。4∶3是一种较为传统的比例，现在比较少用。至于选择哪种画面比例，主要取决于视频在什么场合下播放，以及拍摄者想要表达的视觉效果。

图 2-27　画面比例为 16∶9 的效果

■2.2.3 视频拍摄的三种表现形式

视频拍摄有三种表现形式：常规视频、慢动作视频以及延时拍摄。下面分别对这三种形式进行简单介绍。

1. 常规视频

常规视频是以正常的速度记录现实生活中的场景和事件。无论是家庭聚会、朋友欢聚，还是户外探险，常规视频都能够真实地记录拍摄时的状态和气氛。拍摄者只需进入到“录像”模式后，单击按钮即可开始录制视频，如图2-28所示。在录制的过程中，单击左下角的快门按钮，可随时拍摄画面中的静态照片，如图2-29所示。

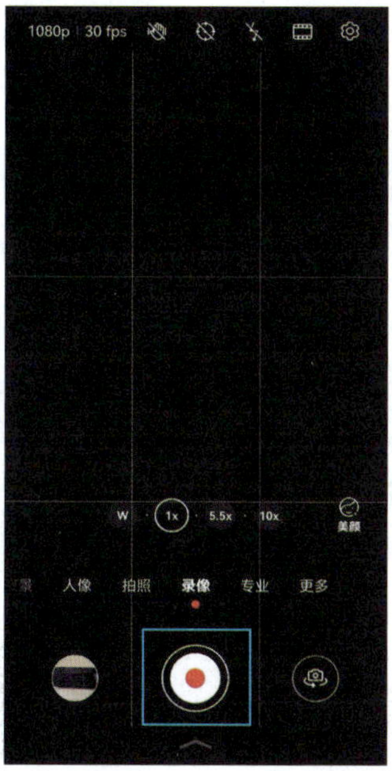

图 2-28 正常录像

图 2-29 拍摄照片

2. 慢动作视频

慢动作视频是通过提高拍摄时的帧率，再以正常播放速度展示，从而达到减慢物体运动速度的效果。这种拍摄技术能够捕捉到肉眼难以察觉的细节和动作，会给观众带来截然不同的视觉体验，如图2-30所示。

图 2-30 慢动作投篮

慢动作视频被广泛应用于体育赛事的精彩瞬间回放、纪录片中捕捉的动物瞬间动作，以及影视作品中增强戏剧效果。在日常生活中，用慢动作记录雨滴落在水面的涟漪、孩子们嬉闹的欢笑，都能让平凡的瞬间变得格外温馨感人。

进入手机相机界面，选择“更多”选项开启“慢动作”模式，根据需要调整放慢倍数（4～32倍之间）。设置完成后单击按钮即可，如图2-31所示。

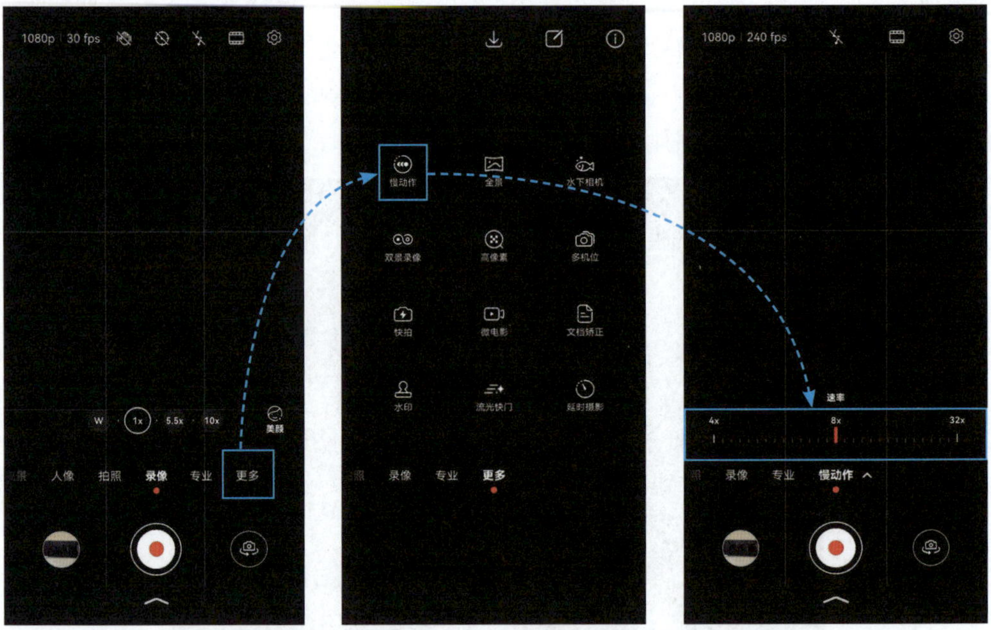

图 2-31　设置慢动作模式

3. 延时拍摄

延时拍摄又称为缩时录影，是一种将时间压缩的摄像技术，它可将长时间（几小时甚至几天）记录的画面长度压缩到几分钟甚至几秒的视频画面长度，从而展现时间的流逝和场景的变化。例如，展现一座城市从黎明到黄昏的变化；或是记录一场暴风雨的来临和离去的场景，如图2-32所示。

图 2-32　太阳落山延时拍摄视频

在手机“录像”模式中选择“更多”选项并开启“延时摄影”模式，单击“自动”按钮可更改速率、时长等参数，如图2-33所示。

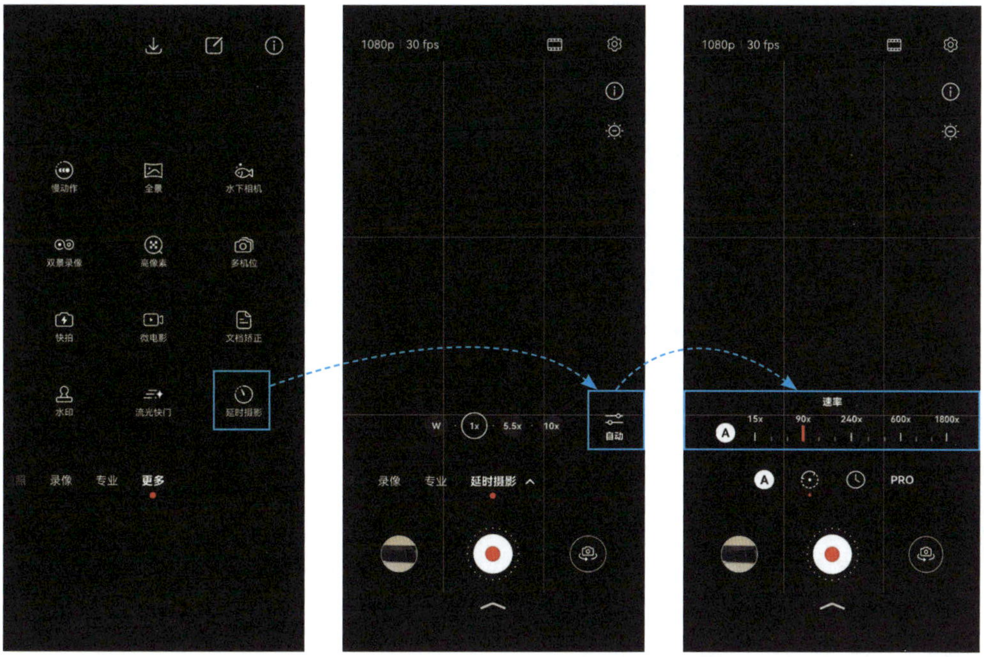

图 2-33 设置“延时拍摄”模式

根据不同主题选择不同的速率参数。常规速率参数如下：

- 15X速率抽帧时间0.5 s，拍摄车流、行人。
- 60X速率抽帧时间2 s，拍摄云彩。
- 120X速率抽帧时间4 s，拍摄日出日落。
- 600X速率抽帧时间20 s，拍摄银河。
- 1 800X速率抽帧时间60 s，拍摄花谢花开。

2.3 掌握拍摄基本技法

本节将从拍摄景别、视频画面构图、拍摄的运镜技巧以及拍摄转场的方法4个方面介绍一些视频拍摄时的基本技法，以便拍摄出符合要求的视频效果。

2.3.1 拍摄景别

景别是指在焦距一定时，摄像机与主体物的距离不同，造成主体物在摄像机器中所呈现出的范围大小的区别。景别决定了观众所看到的画面范围和细节程度，是视频创作中的重要手段。大致可分为远景、全景、中景、近景和特写5个级别。

1. 远景

远景的画面中没有明显的主体物，主要用于拍摄广阔的场景，如大自然的风光、城市的街景或宏大的战事场面等。这种拍摄景别能够让观众看到环境的全貌，感受到场景的壮阔，如图2-34所示。

图 2-34　远景

2. 全景

全景的拍摄范围小于远景，有明显的画面主体和结构。它通常用于展示人物或建筑体与周边环境的关系，或者展示场景中的多个元素。全景可让观众看到人物的全身和周围的环境，有助于理解人物所处的位置和背景，如图2-35所示。

3. 中景

中景画面通常聚焦于人物的腰部以上，包括头部和上半身。这种拍摄景别在对话或情节发展中很常见，因为它能够清晰地展现人物的面部表情和手势，使观众更容易理解人物的情感和动作，如图2-36所示。

图 2-35　全景

图 2-36　中景

4. 近景

近景画面聚焦于人物的胸部以上，甚至只包括头部。这种拍摄景别常用于强调人物的面部表情或情感变化，使观众更加深入地感受人物的情感和内心世界，如图2-37所示。

5. 特写

特写是近距离的拍摄景别，主要捕捉人物的脸部或某个物体的细节，强调表情、情感或细节的重要性。特写能够拉近主体物与观众之间的距离，加强观众对人物情绪的感受或对某个物体细节的注意，如图2-38所示。

图 2-37　近景

图 2-38　特写

提示：特写景别中还有一种叫大特写，它比特写更加细致，通常只包含人物脸部的某个部分（如眼睛、嘴唇等）或物体的某个微小细节。这种景别用于展示极其重要的细节，能够引起强烈的视觉和情感冲击。

■2.3.2　拍摄画面的构图

视频画面构图是影视制作中的核心技巧之一，它关乎如何在画面中安排人物、物体和环境，以达到最佳的视觉效果和情感表达。良好的构图能够引导观众的视线，强化故事叙述，增加视频的美感和深度。

1. 三分法构图

三分法构图是最基本也是最广为人知的构图原则之一。这一原则将画面通过两条垂直线和两条水平线分割成九等分，被认为是最具视觉吸引力的位置。将画面的主要元素放置在这些线或交点上，可以创造出更加平衡和吸引人的画面。三分法构图适用于各种拍摄场景，能有效地引导观众的注意力，如图2-39所示。

2. 对称构图

对称构图通过在画面中创造镜像式的平衡，营造一种和谐和秩序感。这种构图方式常见于建筑或自然风光的拍摄中，能够给观众带来视觉上的满足感。对称构图可以是完全对称，也可以是近似对称，关键在于通过对称来强调画面中的主要元素或主题，如图2-40所示。

图 2-39　三分法构图

图 2-40　近似对称构图

3. 引导线构图

引导线构图利用画面中的线条引导观众聚焦于画面的主体或焦点。这些线条可以是直线、曲线或形状的边缘，如道路、河流、建筑线条等。引导线不仅能够增强画面的深度感，还能加强构图的动态感，引导观众深入探索画面，如图2-41所示。

4. 框架构图

框架构图通过在画面中创造一个“框架”，将观众视线聚焦于框架内的主体。这种框架可以是自然的，如树枝、窗户、门洞等；也可以是人造的，如建筑结构等。框架构图能增强画面的深度和立体感，同时也能够增加观众对画面主体的关注，如图2-42所示。

图 2-41　引导线构图

图 2-42　框架构图

5. 前景构图

在画面构图中巧妙运用前景，可以增加画面的深度感和层次感。将某些元素置于画面的前景，不仅可以引导观众的视线深入画面，还可以营造一种空间感，使主体更加突出。前景可以是自然的元素，如树枝、窗户框架等；也可以是物体，如桌子、椅子等，如图2-43所示。

图 2-43　前景构图

■2.3.3　拍摄运镜技巧

运镜，即在拍摄过程中改变摄影机的位置或角度，是影视制作中用来增强视觉效果、表达情感和推动故事发展的一种重要技巧。常见的运镜技巧有推拉镜头、移动镜头、摇镜头、跟镜头、环绕镜头、升降镜头等。

1. 推拉镜头

推镜头和拉镜头是两个相反的运镜方法。推镜头是将摄像机缓慢地向前移动，逐渐接近拍摄主体。这种方式通常用来增强情感表达，使观众感觉更加接近和了解画面中的人物或物体。例如，在一场人物对话中，通过推镜头逐渐靠近人物脸部，可以增强观众对角色情绪的感知，如图2-44所示。

图 2-44　推镜头

拉镜头是指摄影机缓慢向后移动，逐渐远离拍摄主体。它与推镜头正好相反，用于逐渐揭示更宽广的场景或背景信息。拉镜头可以强化人物的某种心理情绪，比如孤独、痛苦、无力等，如图2-45所示。

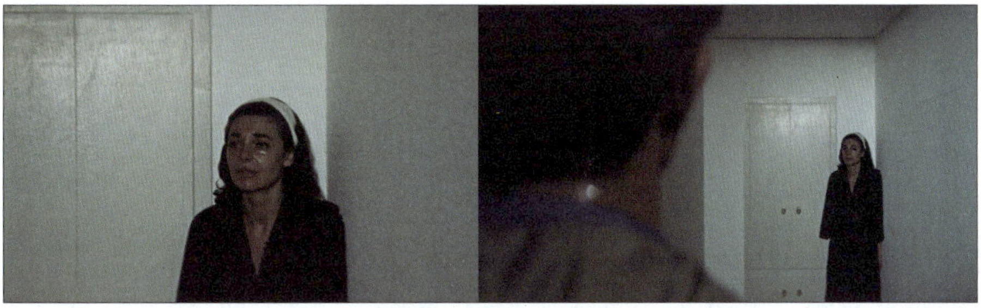

图 2-45　拉镜头

2. 移动镜头

移动镜头是将摄影机放置在活动物体或轨道上进行水平、倾斜或任何方向上的移动拍摄。摄影机的移动使得画面框架始终处于运动之中，无论拍摄主体是处于运动状态，还是静止状态，都会呈现出不断移动的态势。像这样不断变化的画面背景会使镜头表现出一种流动感，让观众产生一种置身于其中的感觉，从而增强了艺术感染力，如图2-46所示。

图 2-46　移动镜头

3. 摇镜头

摇镜头是指摄影机在固定位置上左右转动，用于扫视周围环境或跟随横向移动的主体，如图2-47所示。摇镜头可以展示空间，扩大视野，有利于通过小景别的画面容纳更多的视觉信息，此外还可交代同一场景中两个主体的内在联系。

图 2-47　摇镜头

4. 跟镜头

跟镜头（也称跟拍）是指摄影机紧跟着移动的主体，无论主体怎样移动，摄影机都保持一定的距离跟随拍摄。这种方式既可突出运动中的主体，又能交代主体的运动方向、速度、体态及其与环境的关系，使主体的运动保持连贯，并让观众有身临其境的感觉，如图2-48所示。

图 2-48　跟镜头

5. 环绕镜头

环绕镜头是指摄影机围绕某个人物或物体进行360°旋转拍摄。这种运镜技巧可以用来展现主要拍摄主体的全貌，或在情绪高潮的场景中增加戏剧性，如图2-49所示。例如，在一个重要的决策场景中，环绕镜头可以围绕着主角转动，表现其复杂的内心世界。

图 2-49　环绕镜头

6. 升降镜头

升降镜头常被称为垂直运动镜头，这种运镜方式主要通过垂直方向上的镜头移动来进行拍摄，它能够为观众提供一种独特的视觉体验。升降镜头可以分为升镜头和降镜头两种。垂直向上移动的镜头为升镜头；垂直向下移动的镜头则为降镜头，如图2-50所示。

图 2-50　升降镜头

2.4　掌握视频剪辑的基础

视频拍摄完成后，掌握一些基本的剪辑方法可以对视频进行优化，对视频素材进行合理的调整，以便更好地传达创作者的思想和理念。

■2.4.1　什么是剪辑

剪辑，就是对视频片段或音频素材进行重新组合的过程。它就像是电影导演手中的魔法棒，能够将原本散乱的片段变得有条理、有故事、有情感。剪辑是视频制作中必不可少的一道工序，在一定程度上决定着作品的质量好坏，是创作的主干，更可实现视频的再次升华。剪与辑，相辅相成、不可分割。

1. 剪辑可调整节奏和氛围

通过调整片段之间的切换速度，可以创造出或紧张，或轻松，或神秘的氛围。例如，在一个追逐场景中，快节奏可以增加紧张感；而在另一个温馨的场景中，缓慢的节奏能营造出温暖和舒适的氛围。

2. 剪辑强化内容结构

制作者可以通过选择性地展示某些画面片段，隐藏其他片段信息来控制观众获取信息的顺序，从而引导他们逐步揭开故事的谜底，或是在关键时刻产生转折，给观众带来惊喜或震撼。

3. 剪辑可实现独特创意

每一位制作者都有自己独特的风格和创意。通过剪辑，他们可以将这些创意转化为具象的艺术作品。无论是创新的视角转换，还是独特的时间顺序重组，剪辑都为电影和视频制作提供了无限的可能性。

■2.4.2 剪辑的基本术语

了解一些基本的剪辑术语，对剪辑技能的学习会有很大的帮助。下面对一些常用的剪辑术语进行介绍。

- **蒙太奇：** 将不同的镜头按照某种逻辑或情感需要进行拼接，以产生特定的意义或效果。
- **时长：** 视频的时间长度，基本单位是s（秒）。视频的基本单位是f（帧），把1 s分成若干等份，一份为一帧。
- **关键帧：** 素材中的特定帧，通常标记为进行特殊的编辑或其他操作，以便控制完成动画的播放、回放及其他特性。例如创建视频时，为数据传输要求较高的部分指定关键帧有助于控制视频回放的平滑程度。
- **转场：** 不同内容的两个镜头之间的衔接，一般会分为无技巧转场与技巧转场两种。其中无技巧转场是指两个画面之间的自然过渡；技巧转场是通过后期制作，实现画面之间的淡入、淡出、翻页、叠化等。
- **定格：** 指将电影胶片的某一格、电视画面的某一帧，通过技术手段，增加若干相同的格或帧，以达到影像处于静止状态的目的。
- **闪回：** 一般呈现过去出现的场景或已经发生的事情。编辑视频时，突然以很短暂的画面插入某一场景，用以表现人物此时此刻的心理活动以及感情起伏，手法简洁明快。
- **声轨：** 一段视频中包含了不同的独立声音轨道，彼此独立互不影响。类似原来DVD里的中文轨道、英文轨道等，可以在播放器里进行切换。

> **提示：** 剪辑术语中还包含景别和画面比例，这两个概念在前面模块中已详细介绍。

■2.4.3 剪辑的基本手法

常见的剪辑手法包括动接动、静接静、动静相接、分剪和拼接5种基本手法。下面对其进行简单介绍。

1. 动接动

动接动是指在两个动态镜头之间进行切换。这种手法常用于表现紧张、快速的场景或动作。例如，在表现追逐场景时，可以从骑着车的人物镜头切换到另一个奔跑的人物镜头，如图2-51所示。通过动接动的手法，可以增强紧张感和节奏感。

图 2-51 动接动

2. 静接静

静接静是指在两个相对静止的镜头之间进行切换。这种手法通常用于表现宁静、平和的场景或情感。例如，两个人物在离别前深情互望的场景，就可以使用静接静来切换，以表现出两人依依不舍的情感，如图2-52所示。

图 2-52　静接静

3. 动静相接

动静相接是指在一个动态镜头和一个静态镜头之间进行切换。这种手法可以产生强烈的对比效果，吸引观众的注意力。例如，在表现一个人物从奔跑状态突然切换到静态场景时，可以通过动静相接的手法，将动态镜头和静态镜头巧妙地组合在一起，营造出强烈的视觉冲击力和情感张力，如图2-53所示。

图 2-53　动静相接

4. 分剪

分剪是指将一个完整的动作或场景分割成两个或多个镜头，并在不同的时间点进行切换。这种手法常用于表现复杂的动作或情节，以创造悬念和节奏感。例如，在表现一个人物跳跃的场景时，可以通过分剪的手法，将跳跃动作的不同阶段分割成多个镜头，并在适当的时机进行切换，从而营造出紧张而富有节奏感的视觉效果。

5. 拼接

拼接是指将两个或多个镜头直接连接在一起，没有明显的过渡或切换。这种手法常用于表现连续的动作或场景，以营造一种紧凑、连贯的视觉效果。例如，在表现一个人物连续进行多个动作的场景时，可以通过拼接的手法，将这些动作镜头直接连接在一起，让观众感受到一种连贯而紧凑的视觉效果。

微信扫码
AI短视频剪辑师
配套伴学资源
拍摄技巧分享
剪辑指导精讲

模块3

新手快速出片

内容概要

剪映是一款专业的短视频剪辑软件，界面简洁、功能丰富、素材多样，操作简单、易于上手，可以满足大部分的剪辑需求。对于新手而言，想要快速掌握剪映的使用方法，可以从熟悉软件界面、学习基本操作开始，通过不断地练习和实践，逐步提高自己的剪辑水平。本模块对剪映的基本操作进行详细介绍。

数字资源

【本模块素材】："素材文件\模块3"目录下

3.1 认识剪映

学习剪映首先要从认识软件界面开始。剪映专业版的软件界面包括初始界面和创作界面两个主要界面，下面对这两个界面进行详细介绍。

3.1.1 初始界面

启动剪映专业版以后，首先打开初始界面，其由个人中心、创作区、导航栏、草稿区4大主要板块组成，如图3-1所示。

图 3-1 初始界面

1. 个人中心

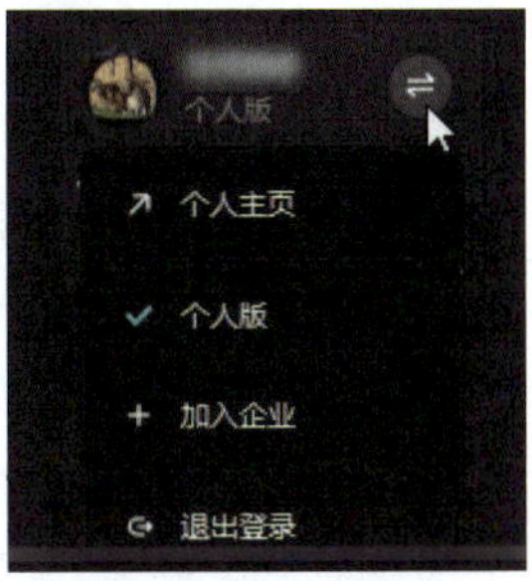

图 3-2 个人中心

登录账号后，个人中心会显示账号的头像和名称以及版本信息等。单击账号名称右侧的⇄按钮，通过下拉列表中提供的选项，可以执行打开个人主页窗口、绑定企业身份、退出登录等操作，如图3-2所示。

2. 导航栏

导航栏位于界面左侧，个人中心下方。包含“首页”“模板”“我的云空间”“小组云空间”“热门活动”5个选项卡。启动剪映专业版以后，默认显示“首页”界面，该界面中包含创作区和草稿区两大区域。

3. 创作区

创作区中包含创作入口和智能操作按钮两部分。单击“开始创作”按钮，可以打开创作界面。通过“文字成片”“智能转比例”“创作脚本”“一起拍”按钮，可以执行相应的智能操作，如图3-3所示。

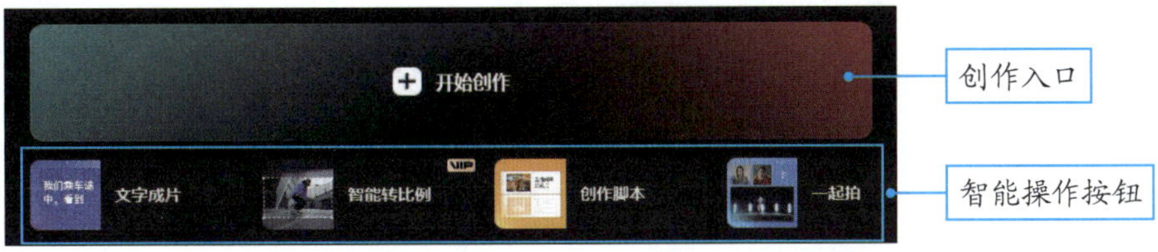

图 3-3 创作区

4. 草稿区

在创作界面中编辑过的内容，退出创作时会自动保存为草稿。在草稿区中单击指定的视频，即可打开创作界面，对该视频继续编辑。草稿中的视频可以进行复制、上传、重命名、删除等操作。

图 3-4　草稿区

■3.1.2　创作界面

剪映专业版的创作界面由素材区、播放器窗口、属性调节区以及时间线窗口4个主要部分组成，如图3-5所示。

图 3-5　创作界面

创作界面的主要组成部分及作用说明如下。

1.素材区

素材区中包括“媒体”“音频”“文本”“贴纸”“特效”“转场滤镜”“调节”“模板”8个选项卡，可以为视频添加相应的素材或效果。

2. 播放器窗口

专业版的播放器窗口与手机版的预览区域在外观上基本相同。其作用是预览视频、显示视频时长、调整视频比例等。

3. 属性调节区

当对不同类型的素材执行操作时，功能区中会提供与所选内容相关的选项卡以及各种功能按钮、参数、选项等，以便对所选素材的效果进行编辑。

4. 时间线窗口

时间线窗口中包含工具栏、时间轴、时间刻度、素材轨道等元素，如图3-6所示。

- **工具栏：**工具栏左侧提供了一些快捷操作工具，如“分割”“删除”“定格”“倒放”“镜像”“旋转”“裁剪”等。在工具栏右侧包含了一些效率工具，如“打开或关闭主轴磁吸”“打开或关闭自动吸附”“打开或关闭联动”“打开或关闭预览轴”“快速缩放素材轨道”等。
- **时间刻度：**时间刻度用于测量视频的时长，或精确控制指定素材的开始和结束时间点。
- **时间轴：**播放器窗口中会显示时间轴所在位置的画面，因此可以用时间轴精确定位执行操作的时间点，如用时间轴定位视频的分割或裁剪点、从时间轴位置添加音乐或文字等。
- **素材轨道：**剪映专业版的轨道不会因为素材的增加而被折叠，所有轨道都可以清楚地显示，而且可以通过鼠标拖拽的方式快速移动轨道中素材的位置、叠放次序等，操作起来非常方便。通过单击各轨道左侧的🔒按钮可以锁定当前轨道，通过单击👁按钮则可以隐藏当前轨道。

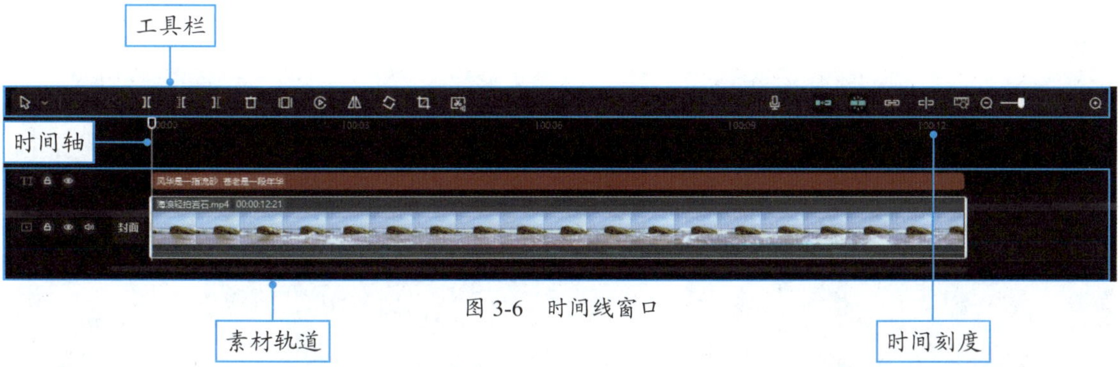

图 3-6　时间线窗口

3.2　工作界面调节

为了更方便、更灵活地执行操作，使用电脑版剪映剪辑视频时，可以对工作界面进行调整，如更改工作界面布局、调整播放器或时间线窗口的缩放比例等。

3.2.1　界面的布局

为了得到更大、更自由的操作空间，可以将剪映创作界面中的指定区域单独分离出来。

在剪映创作界面的左上角单击“菜单”按钮，在下拉列表中选择“布局模式”选项，在其下级列表中提供了媒体素材优先、播放器优先、属性调节优先以及时间线优先几个选项，此处选择“属性调节优先”选项，如图3-7所示。

图 3-7　执行“属性调节优先”命令

属性调节区随即从创作界面中分离出来，形成一个单独的窗口，如图3-8所示。用户可以根据需要调整该窗口的大小和位置。将光标移动到被分离出来的属性调节区顶部•••按钮上方，此时会显示“还原”“全屏”“最小化”3个按钮，单击“还原”按钮，可以将该区域还原至创作页面中，如图3-9所示。

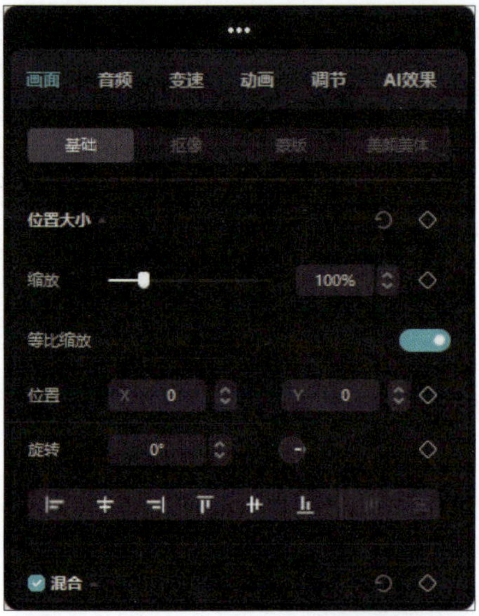

图 3-8　分离属性调节区

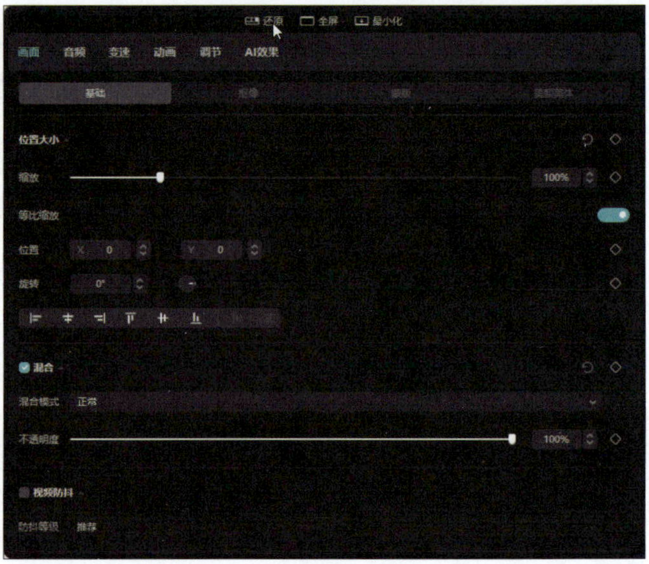

图 3-9　调整属性调节区大小

■3.2.2 调整播放器的缩放比例

播放器窗口的主要作用是预览视频画面。为了方便对细微处进行操作，可以使用鼠标控制播放器窗口中的预览画面的快速缩放功能。

默认情况下预览画面以100%的比例显示，如图3-10所示。将光标移动到预览画面上方，按住Ctrl键不放，向后滚动鼠标滚轮便可快速缩小画面，如图3-11所示。

图 3-10　正常的画面比例

图 3-11　缩小画面比例

按住Ctrl键不放，向前滚动鼠标滚轮，则可以快速放大画面，如图3-12所示。当放大视频画面后，播放器窗口的右下角会显示全局控制图标，拖动该图标中的绿色方块，可以调整画面中显示的区域，如图3-13所示。

图 3-12　放大画面

图 3-13　调整窗口中显示的画面

除了使用鼠标滚轮快速放大或缩小画面，还可以在播放器窗口右下角单击按钮，通过调整缩放比例滑块，调整画面的放大或缩小，如图3-14所示。

图 3-14　使用缩放滑块进行缩放

■3.2.3 调整时间线窗口缩放比例

向时间线窗口中添加各种素材后，可以对轨道进行缩放以便更快速地完成剪辑工作。轨道的缩放与播放器窗口预览画面的缩放方法基本相同。

将光标移动到时间线窗口中，按住Ctrl键，向前或向后滚动鼠标滚轮，即可控制轨道中素材的放大或缩小，如图3-15所示。

图 3-15 使用缩放滑块进行缩放

用户也可以通过拖动工具栏右侧的缩放滑块，快速放大或缩小轨道中的素材，如图3-16所示。

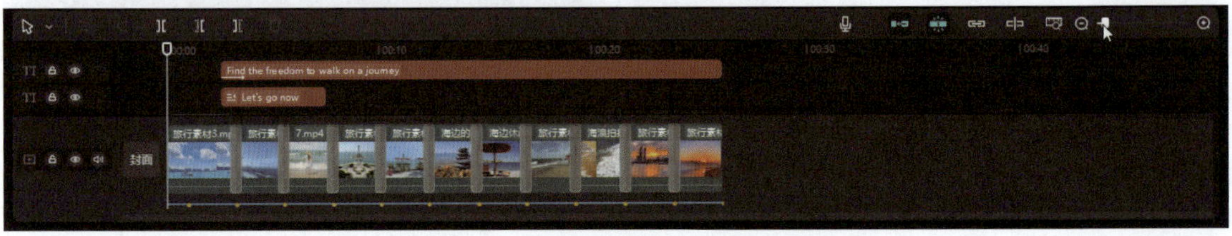

图 3-16 使用滑块缩放轨道中的素材

在工具栏右侧单击按钮，则可以将轨道中的素材缩放至全局显示状态，如图3-17所示。

图 3-17 使用全局预览缩放

3.3 素材的基本处理

短视频的制作过程即是对各种素材进行剪辑处理的过程。下面对素材的基本处理进行详细介绍，包括素材的导入、分割、变速、设置时长、调整素材播放顺序、替换素材等。

■3.3.1 添加素材

对原始视频进行剪辑创作的前提是将素材导入剪映，并添加至相应轨道，导入素材的方法非常简单。

启动剪映专业版，在初始界面中单击“开始创作”按钮，打开创作界面，如图3-18所示。

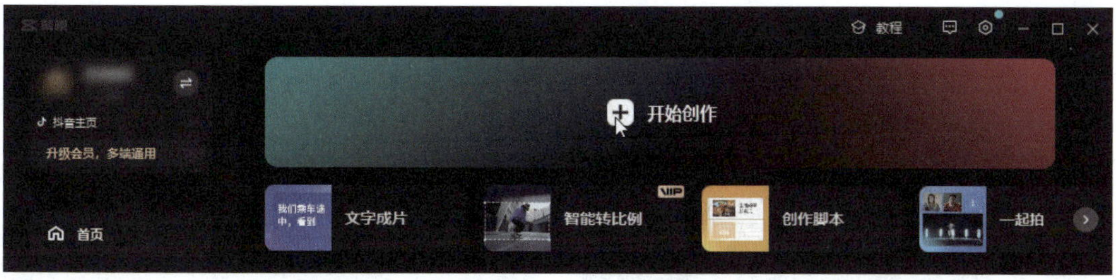

图 3-18 执行“开始创作”命令

在创作界面中的媒体素材区内单击“导入”按钮，如图3-19所示。在随后打开的对话框中选择要使用的素材，单击“打开”按钮，即可将该素材导入剪映本地素材库。

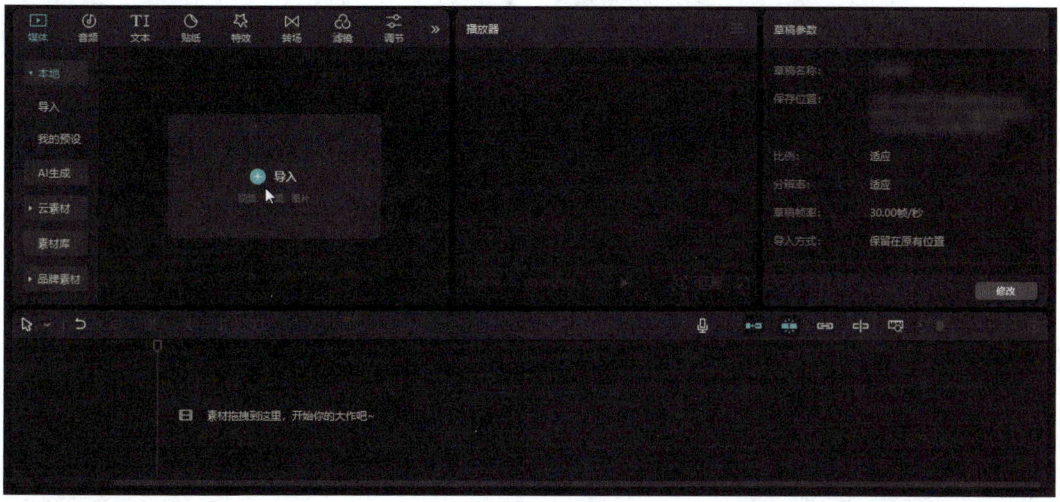

图 3-19 执行“导入”命令

将光标移动到要导入的素材上方，单击素材右下角的按钮，即可将该素材添加到时间线窗口中的轨道内，如图3-20所示。

图 3-20 将素材添加到轨道中

除了先将素材添加到本地素材库，再添加到轨道，用户也可以直接将素材拖动到时间线窗口中，如图3-21所示。这样，素材被导入到本地素材库的同时，也会同时被添加到轨道中，如图3-22所示。

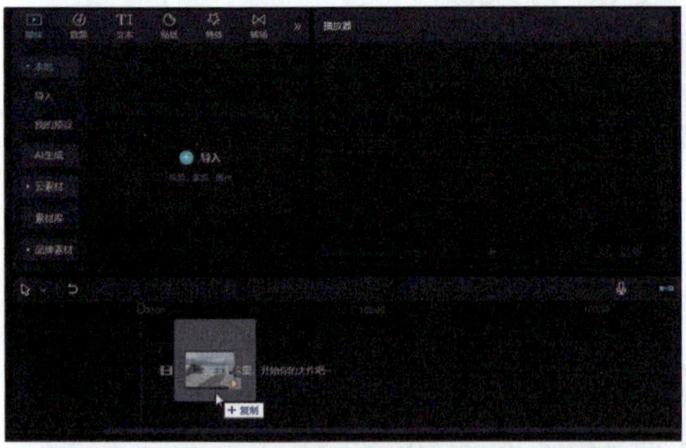

图 3-21　将素材拖动到时间线窗口

图 3-22　素材添加成功

3.3.2　分割素材

使用“分割”功能可以将一段视频分割成多段，分割后的每段素材可以单独被编辑或删除。“分割”素材的具体方法为：在时间线窗口中选择要分割的素材，将时间轴移动至需要分割的位置，在工具栏中单击“分割”按钮，所选素材随即从时间轴位置被分割，如图3-23所示。

图 3-23　分割素材

■3.3.3 删除素材

不需要的素材片段可以从轨道中删除。具体操作为：在时间线窗口中选择需要删除的素材，在工具栏中单击“删除”按钮，或直接按Delete键，即可将所选素材删除，如图3-24所示。

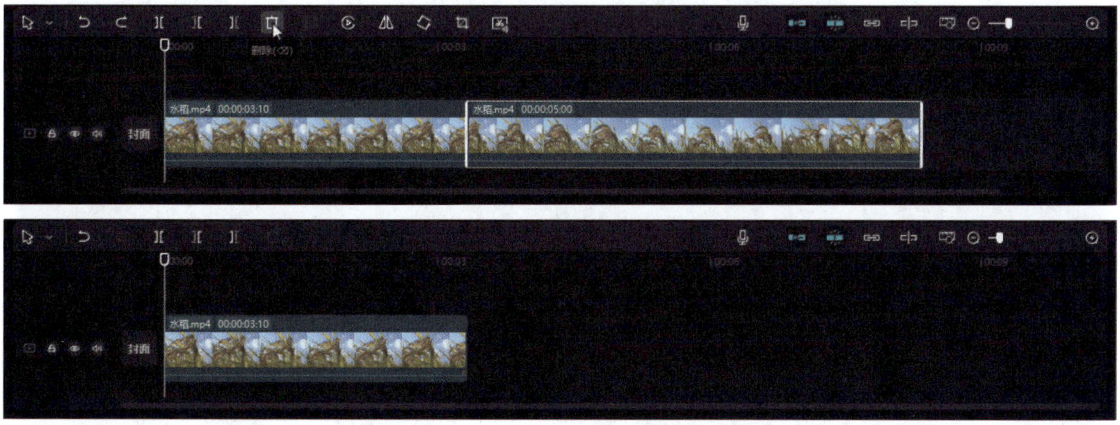

图 3-24 删除素材

■3.3.4 使用裁剪设置素材时长

将素材向左裁剪或向右裁剪，可以从两个方向删除视频的多余内容，从而达到设置视频总时长的目的。

在时间线窗口中选择要裁剪的素材，将时间轴移动至需要裁剪的位置，在工具栏中单击“向左裁剪”按钮，时间轴左侧的素材内容随即被裁剪掉，如图3-25所示。

图 3-25 向左裁剪素材

移动时间轴，选择好裁剪位置，在工具栏中单击“向右裁剪”按钮，时间轴右侧的素材内容即可被删除，如图3-26所示。

用户也可以通过拖动鼠标快速裁剪视频。在时间线窗口中，将光标移动到视频素材的最左侧或最右侧边缘，当光标变成形状时，按住鼠标左键进行拖动，即可快速裁剪掉视频开始位置或结束位置的内容，如图3-27所示。

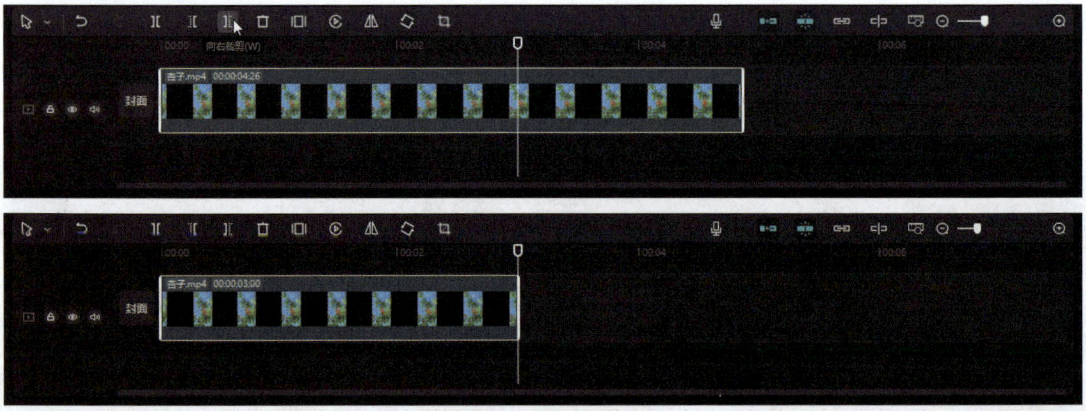

图 3-26　向右裁剪素材

图 3-27　快速裁剪素材

■3.3.5　复制素材

在轨道中选择要复制的视频素材，按Ctrl+C组合键，移动时间轴，确定好复制出的素材的开始位置，按Ctrl+V组合键，所选素材随即被复制到上方轨道中，被复制的素材的起始位置自动与时间轴位置对齐，如图3-28所示。

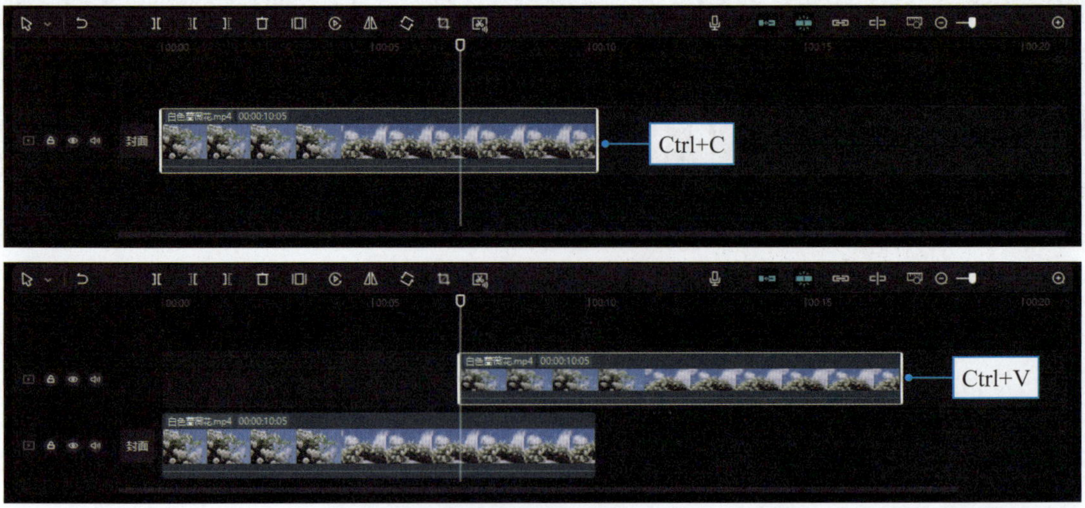

图 3-28　复制素材

■3.3.6 替换素材

编辑视频素材时会进行各种设置，如设置了视频时长、调整了画面亮度和色彩、添加了转场等。若更换素材，可以使用“替换片段”功能，这样可以保留原视频的效果。在轨道中右击要替换的素材，在弹出的菜单中选择“替换片段”选项，如图3-29所示。

图 3-29 执行“替换片段”命令

系统随即弹出“请选择媒体资源”对话框，选择要使用的素材，单击“打开”按钮，如图3-30所示。打开“替换”对话框，在轨道中移动高亮区域，选择要使用的片段，勾选“复用原视频效果”复选框，单击“替换片段”按钮，如图3-31所示。

图 3-30 选择素材

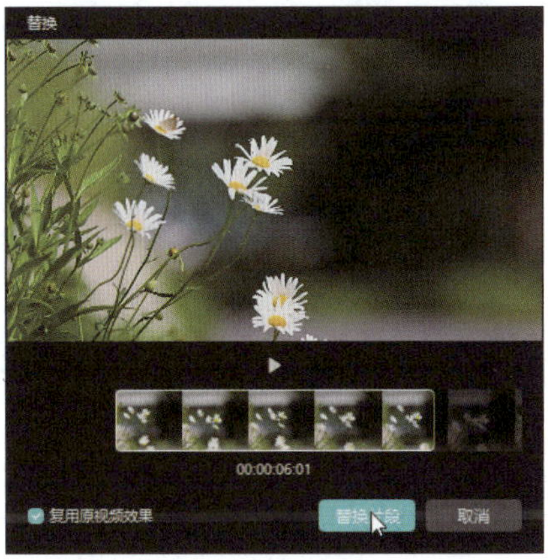

图 3-31 确认替换

所选素材随即被新素材替换，视频效果会被保留，如图3-32所示。

图 3-32 完成素材替换

3.3.7 调整素材播放顺序

通过在时间线窗口中移动素材的放置位置，可以调整素材的播放顺序。将光标移动到轨道中要调整播放顺序的素材上方，如图3-33所示。按住鼠标左键向目标位置拖动，当在主轨道中移动素材，并且“主轴磁吸”为开启状态时，目标位置会自动出现空隙，如图3-34所示。松开鼠标，所选素材即可被移动到目标位置，如图3-35所示。

图 3-33 选择素材

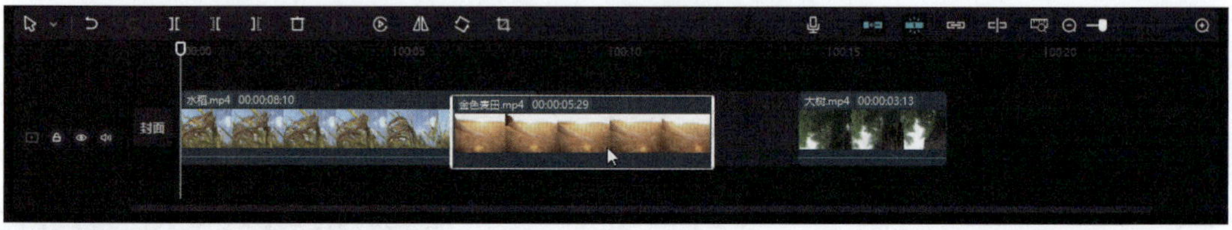

图 3-34 拖动素材

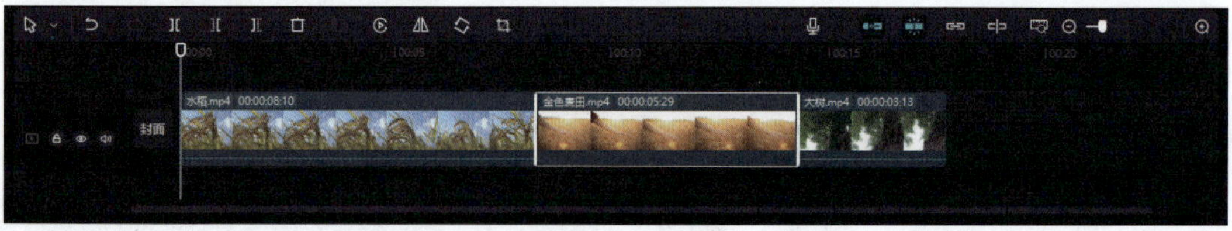

图 3-35 完成移动

除了在主轨道中移动素材，也可以将素材移动到其他轨道。其具体操作为，将素材选中，按住鼠标左键向目标轨道拖动，松开鼠标后即可完成素材的移动，如图3-36所示。

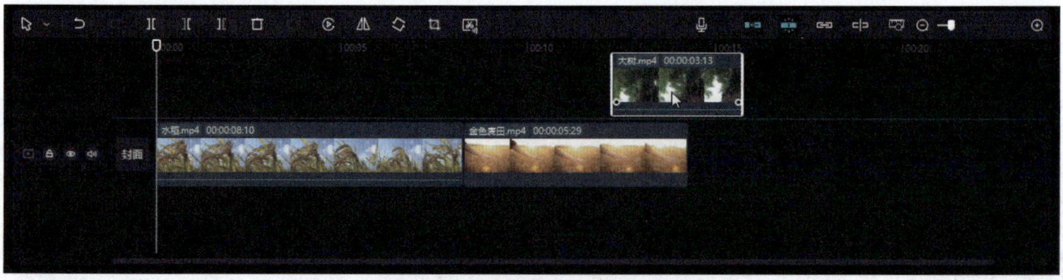

图 3-36 将素材移动到其他轨道

3.3.8 素材变速

视频是由一帧帧的静态图像组成的。在视频播放过程中，每秒钟展示的静态图像帧数决定了视频的播放速度。当提高视频的播放速度时，每秒钟显示的视频帧数就会增加。相反，如果降低视频的播放速度，每秒钟显示的视频帧数就会减少，这便是视频变速的基本原理。剪映提供了“常规变速”和“曲线变速”两种变速模式。

1. 常规变速

在轨道中选择要变速的视频素材。在属性调节区中打开“变速”面板，在“常规变速”选项卡中拖动“倍数”滑块便可设置视频变速，变速后视频的总时长会随之发生变化，如图3-37所示。

图 3-37　视频常规变速

2. 曲线变速

在“变速”面板中打开“曲线变速”选项卡。该选项卡中包含了自定义、蒙太奇、英雄时刻、子弹时间、跳接、闪进与闪出七种变速选项。如选择“跳接”选项，所选视频片段随即应用该变速，如图3-38所示。

图 3-38　视频曲线变速

3.4 视频素材的导出和管理

视频编辑完成后需要将其导出，同时，编辑过的视频会被保存为草稿。下面介绍如何导出视频，以及如何对视频草稿进行管理。

■3.4.1 管理视频草稿

在剪映中工作时不需要手动保存，系统会自动将执行过的操作保存为草稿。当退出剪辑状态后，可以在草稿区中找到编辑过的视频。为了更有条理地进行工作，可以对草稿进行管理。

1. 处理指定草稿

启动剪映，在初始界面的草稿区内可以看到所有草稿。将光标移动至指定草稿，单击草稿右下角的按钮，通过列表中所提供的选项，可以对该草稿执行上传、重命名、复制、删除等操作，如图3-39所示。

图 3-39 对草稿执行指定操作

2. 快速搜索草稿

在草稿区右上角单击按钮，在展开的文本框中输入草稿名称中的关键词，如图3-40所示，即可快速搜索到该草稿，如图3-40所示。

图 3-40 执行搜索操作命令

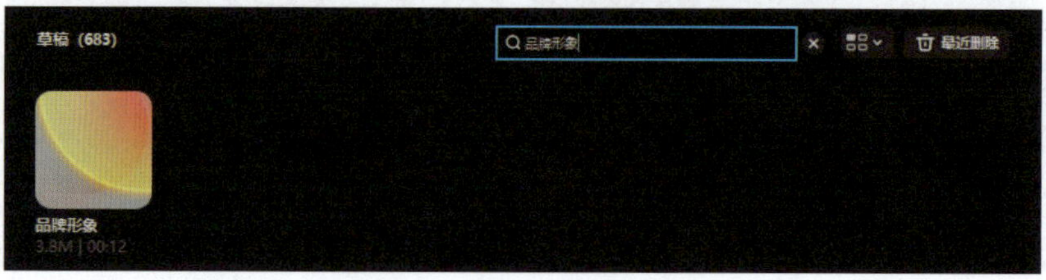

图 3-41 根据关键词搜索草稿

3. 更改草稿布局

在默认情况下草稿以“宫格”形式进行布局。单击草稿区右上角的按钮，在下拉列表中选择“列表”选项，可以将草稿的布局更改为列表形式，如图3-42所示。

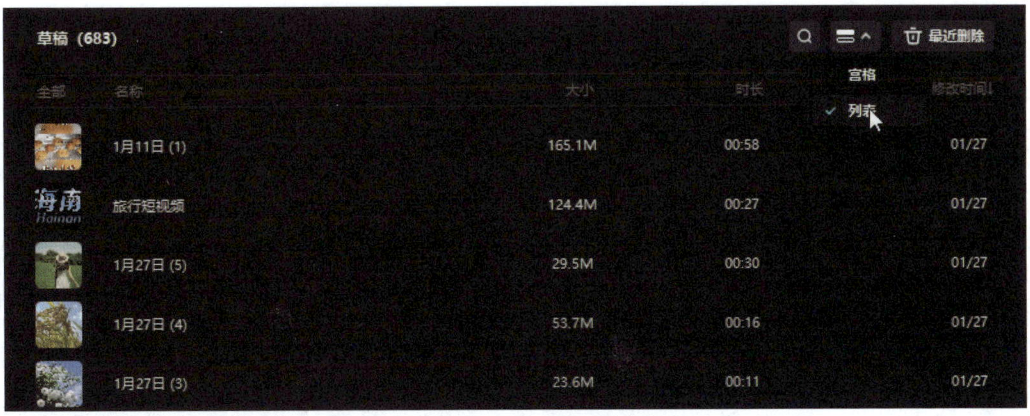

图 3-42　更改草稿布局

4. 恢复删除的草稿

在草稿区右上角单击按钮，打开“最近删除”对话框，该对话框中会显示最近30天内删除的草稿，在指定草稿上方右击，在弹出的菜单中选择“恢复”按钮，即可将该草稿恢复到草稿区，如图3-43所示。

若要批量恢复被删除的草稿，可以依次单击多个草稿，将这些草稿选中，在对话框下方单击“恢复”按钮，即可将所选草稿恢复到草稿区，如图3-44所示。

图 3-43　恢复指定草稿

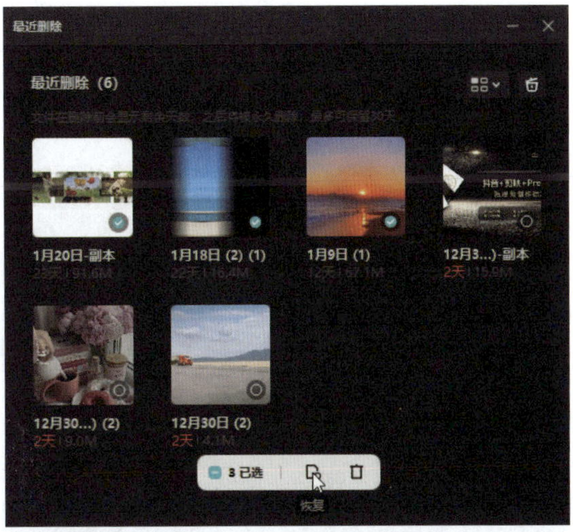

图 3-44　批量恢复草稿

■3.4.2　导出高清视频

编辑完成的视频需要先导出，才能在各平台发布。导出视频时需设置视频分辨率和格式、导出音频等。

在剪映中导出的视频默认分辨率为1 080 P，默认导出的格式为mp4。除此之外，剪映还提供了不同的分辨率以及不同的视频格式，用户可以根据需要进行选择。视频制作完成后，单击界面右上角的“导出”按钮，如图3-45所示。

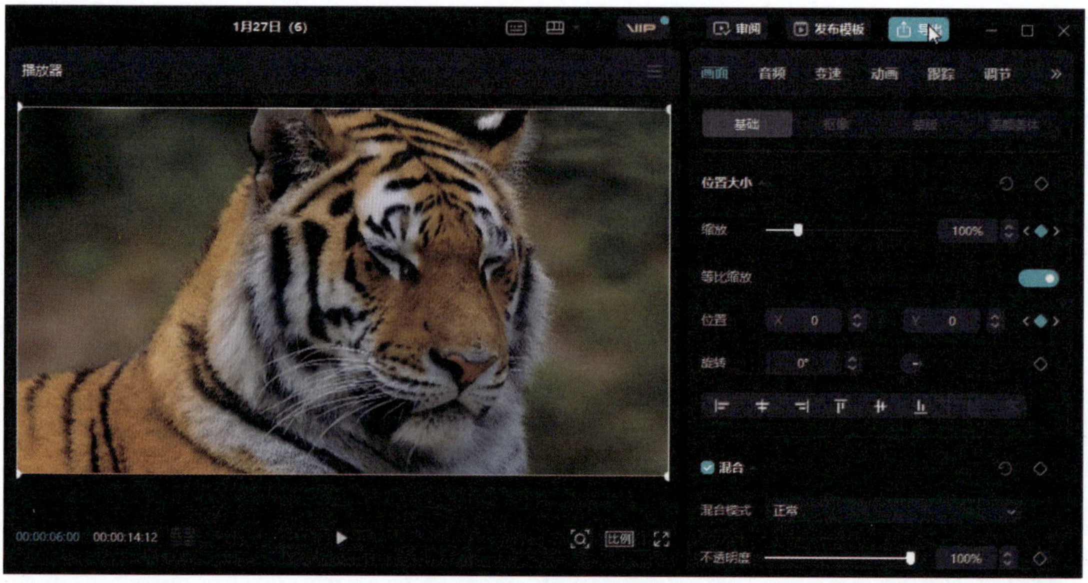

图 3-45　执行“导出”命令

系统随即打开“导出”对话框，设置好标题和导出位置，在“视频导出”组中，可以对视频的分辨率、格式、帧率等进行选择，如图3-46所示。

若要将视频中的音频单独导出为一个文件，可以勾选“音频导出”复选框，单击“格式”下拉按钮，在下拉列表中可以选择音频的格式。最后单击对话框右下角的“导出”按钮即可导出视频，如图3-47所示。

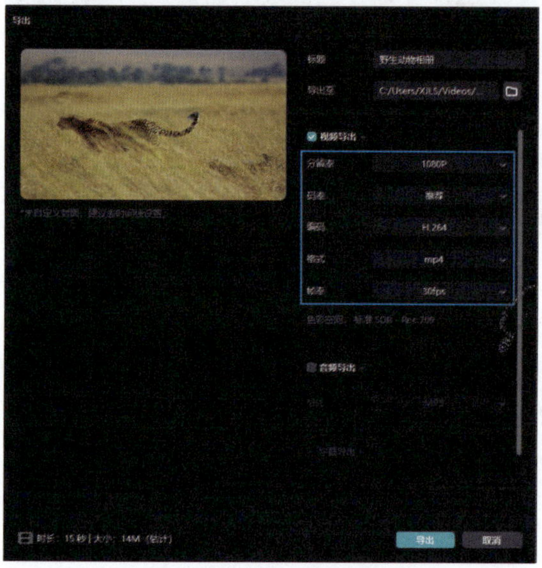

图 3-46　设置视频参数

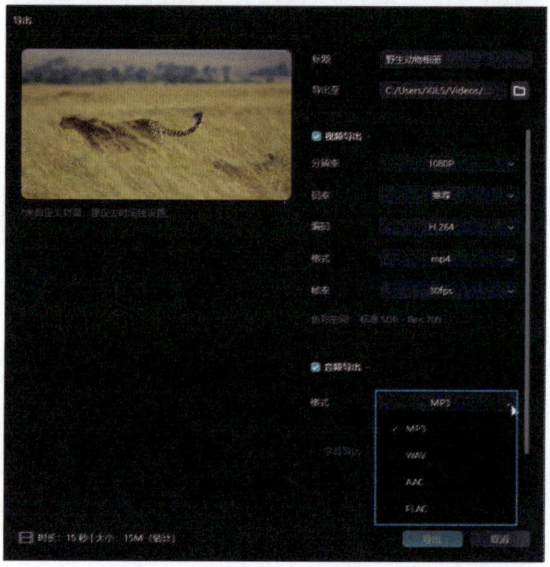

图 3-47　导出音频

3.5 快速成片

剪映是一款十分容易上手的视频剪辑软件，通过模板、文字成片等特色功能，即使是新手也可以轻松制作出质量不错的短视频。

■3.5.1 使用模板快速成片

剪映提供了海量的模板，而且类型十分丰富。使用模板可以大大缩短视频制作的时间，用户只需要将自己的素材添加到模板中，即可快速制作出高质量的视频。

1. 选择模板

启动剪映，在初始界面中的导航栏内单击“模板”选项卡，打开的界面中包含了不同风格的模板。系统已经对这些模板进行了详细分类，如风格大片、片头片尾、宣传、日常碎片、vlog、卡点、旅行、情侣、纪念日、游戏、美食等，用户可以根据需要的风格来选择模板，如图3-48所示。

图 3-48 根据类型选择模板

若用户对将要制作的视频有一定的条件要求，如画面比例、视频时长、视频中出现的片段数量等，则可以通过模板界面左上角的搜索框搜索模板，或在搜索框下方设置具体条件，如图3-49所示。

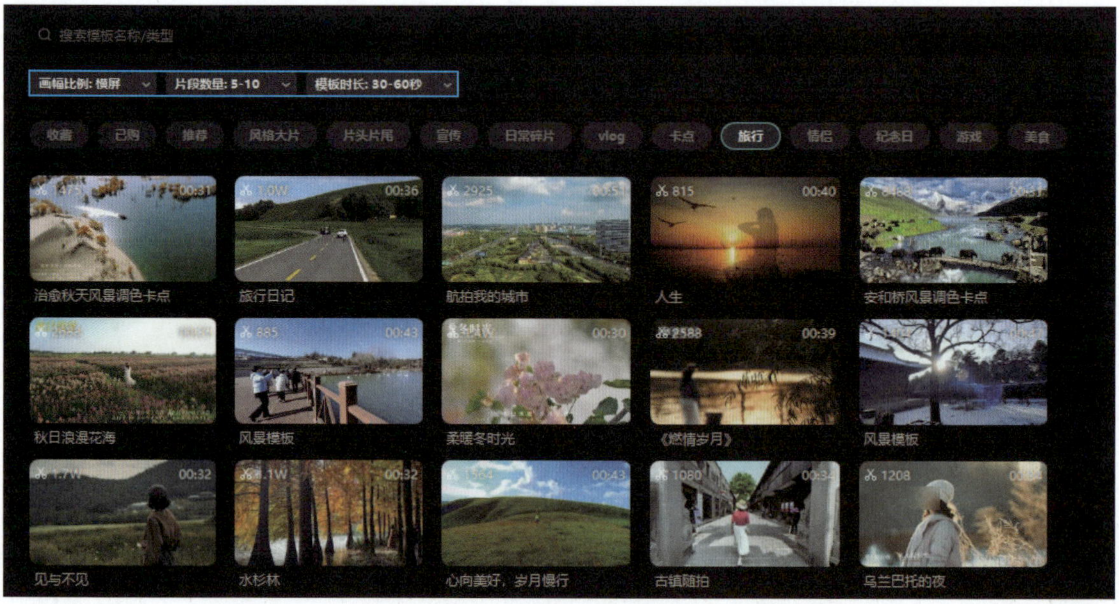

图 3-49　设置模板条件

2. 预览并使用模板

将光标移动到模板上方，单击模板可以预览模板的播放效果，并可以查看素材数量、视频时长、创作者等信息。单击“使用模板”按钮，即可在创作界面中打开该模板，如图3-50所示。用户可以在创作界面中替换模板中的素材从而快速制作出一份精美的短视频。

图 3-50　预览模板

除了在初始界面中选择模板，用户也可以在创作界面中的媒体素材区中的“模板”面板中选择合适的模板，如图3-51所示。

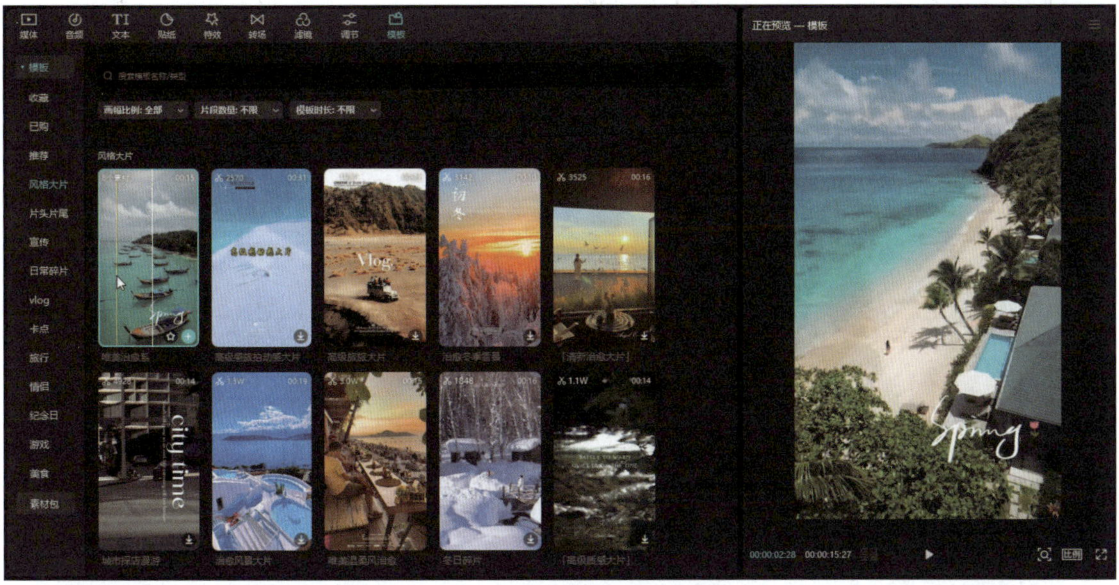

图 3-51　在媒体素材区中选择模板

■3.5.2　文字成片

“文字成片”功能可以为输入的文字智能匹配图片或视频素材、添加字幕、旁白和音乐等，自动生成视频。这个功能对于擅长撰文、但不会剪辑的创作者十分有用，可以进一步降低视频创作的门槛。

下面介绍如何使用剪映专业版的“文字成片”功能快速制作视频。首先启动电脑端剪映，在初始界面中单击“文字成片”按钮，如图3-52所示。

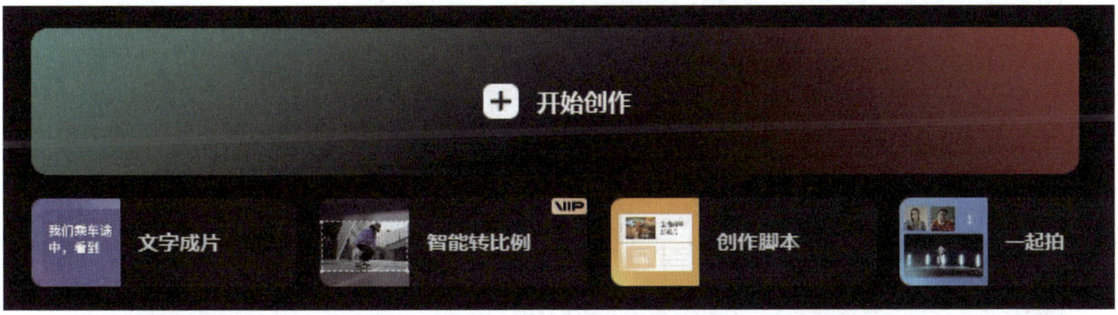

图 3-52　执行“文字成片”命令

打开“文字成片”对话框，在该对话框中，用户可以输入视频的主题、花字，设置好视频的时长，使用AI功能自动生成文案，也可以使用自己准备的文案。这里选择“自由输入文案”按钮，如图3-53所示。

将提前准备好的文案输入“自由输入文案”文本框中，在对话框右下角选择一个合适的人声，随后单击“生成视频”按钮，选择“智能匹配素材”选项，如图3-54所示。系统随即开始根据所输入的文字自动匹配素材，并显示视频的生成进度。

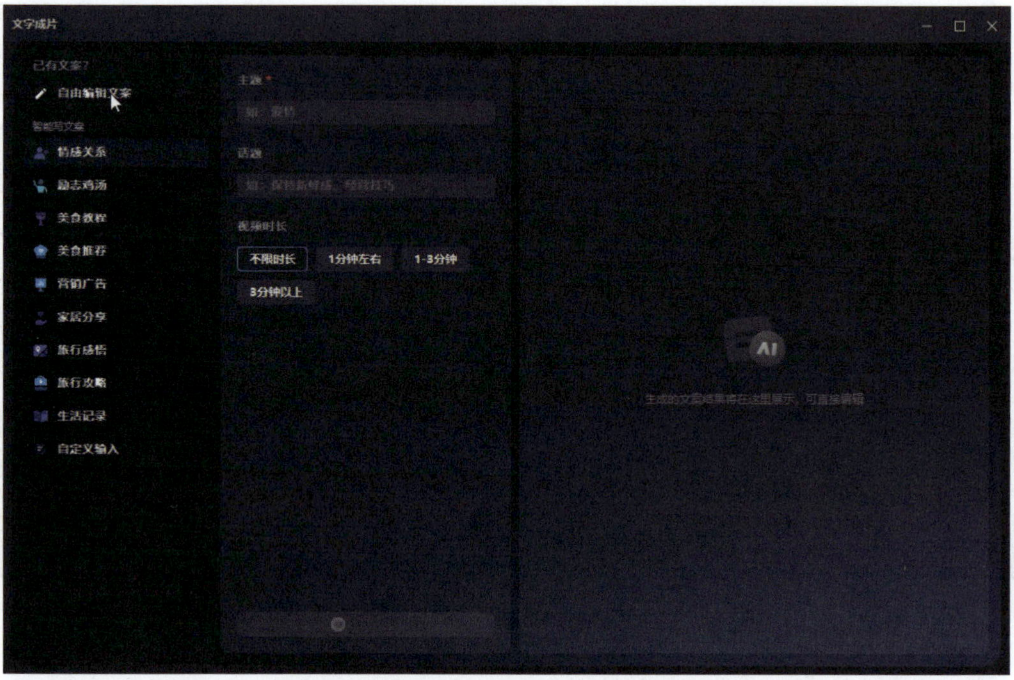

图 3-53　执行“自由输入文案”命令

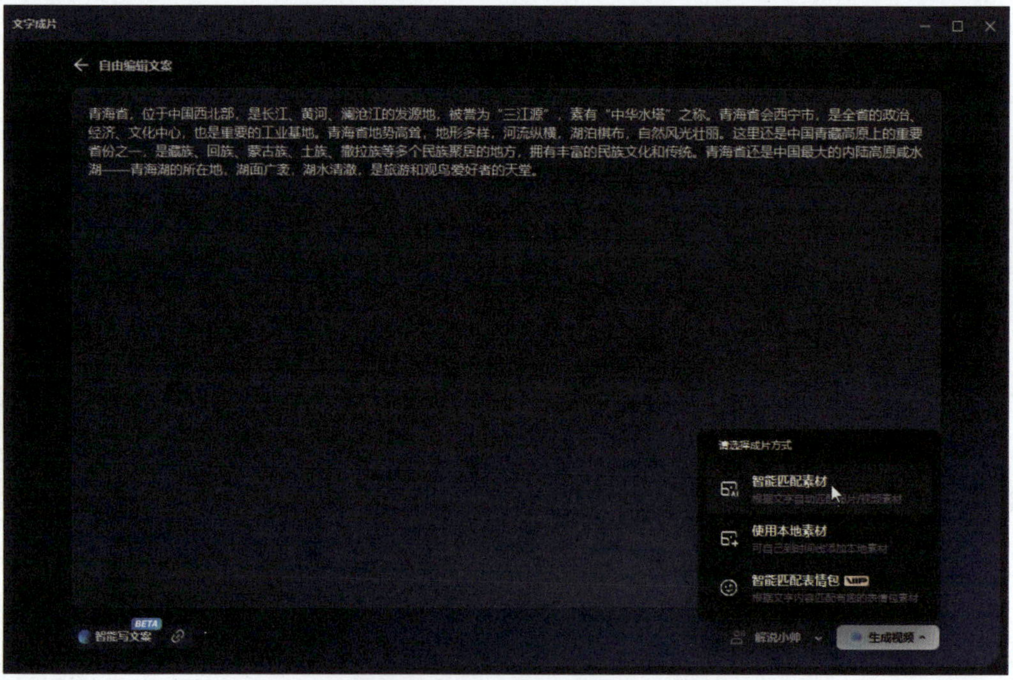

图 3-54　执行“自动生成视频”命令

视频生成后会自动在剪映创作界面中打开，在时间线窗口中可以查看到自动匹配和生成的素材情况。在此基础上，创作者还可以通过进一步的剪辑，继续精细化调节视频的效果，如图3-55所示。

图 3-55 自动生成视频

3.6 案例实战：制作电影感旅行短视频

旅行类短视频涵盖了各种主题，包括目的地介绍、旅行故事、旅行攻略、美食推荐、特色活动、旅行Vlog等。旅行类短视频通常注重画面的美感和视觉效果，通过精美的画面和动感的配乐，给观众带来强烈的视觉冲击和感官体验，激发观众的旅游欲望。

■3.6.1 制作镂空文字开场片头

精美华丽的片头可以提升视频的品质感和专业度，迅速吸引观众的注意力，让观众对短视频产生兴趣并继续观看。下面介绍镂空文字开场片头的制作方法。

扫码观看视频

1. 制作开场文字

开场文字的基本素材需要单独制作。下面介绍其具体操作步骤。

步骤 01 启动电脑版剪映，在初始界面中单击“开始创作”按钮，如图3-56所示。

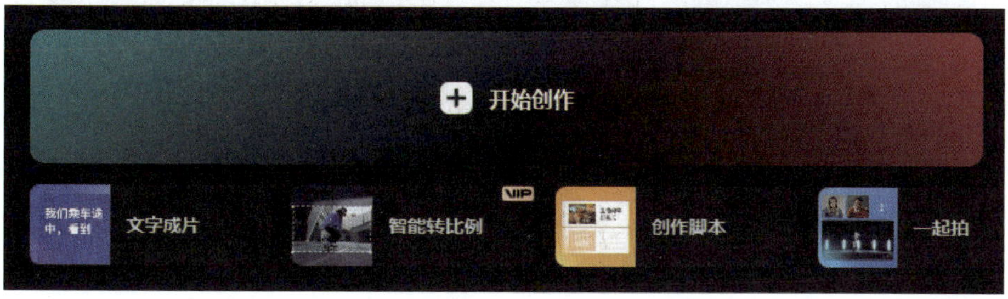

图 3-56 执行“开始创作”命令

步骤 02 打开创作界面，在媒体素材区中打开“文本”面板，单击“默认文本”上方的按钮，向时间线窗口中添加文本素材，如图3-57所示。

图 3-57　添加默认文本素材

步骤 03 保持文本素材为选中状态，此时属性调节区中默认打开“文本”面板，在“基础”选项卡中的文本框内输入文字“海南”，设置字体为“梦寒体”，如图3-58所示。

图 3-58　输入文字并设置字体

步骤 04 继续在“基础”选项卡中设置“缩放”值为“370%”，适当放大文字。设置位置的*Y*值为“295”，将文字移动到合适的位置，如图3-59所示。

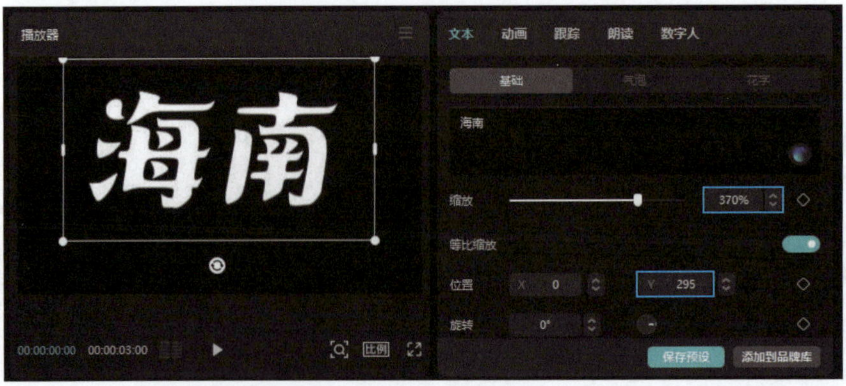

图 3-59　设置缩放值和位置

步骤 05 保持时间轴定位于轨道的最左侧，在媒体素材区中打开“文本”面板，向轨道中再次添加一个“默认文本”素材，如图3-60所示。

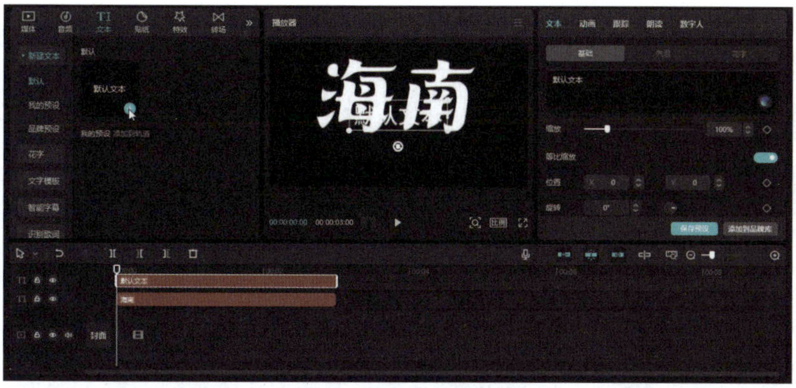

图 3-60 添加新文本素材

步骤 06 保持新添加的文本素材为选中状态，在属性调节区中打开“文本”面板，在“基础”选项卡中的文本框内输入海南的拼音“Hainan”，设置字体为“梦寒体”，设置缩放值为“147%”，设置位置的Y值为“-538”。调整好新文本素材的大小和位置，如图3-61所示。

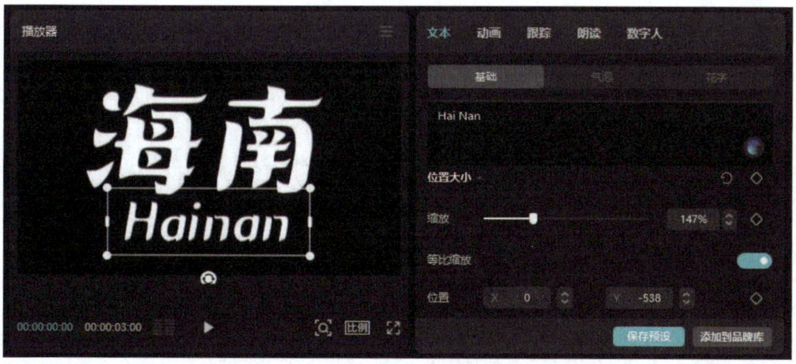

图 3-61 输入拼音并设置缩放值和位置

步骤 07 在时间线窗口中选择“海南”文本素材，在属性调节区中打开“动画”面板，在“入场”选项卡中选择“渐显”动画，设置动画时长为“1.8s”，如图3-62所示。

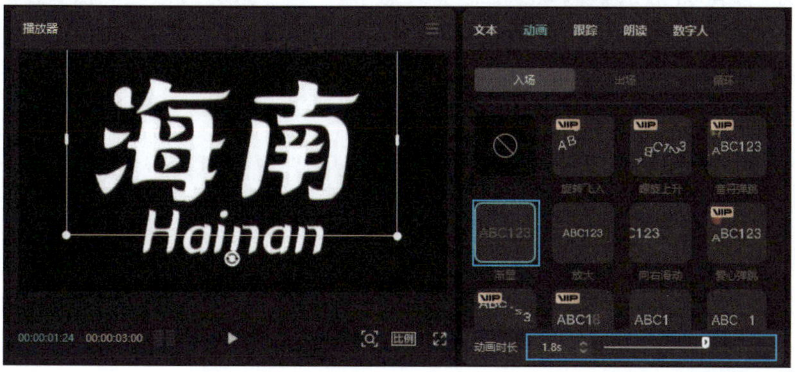

图 3-62 为第 1 段文本添加入场动画

步骤08 选择“Hainan”文本素材，打开“动画”面板，同样为其添加“渐显”入场动画，设置动画时长为“1.8s”，如图3-63所示。

图 3-63 为第 2 段文本添加入场动画

步骤09 文字设置完成后，单击界面右上角的“导出”按钮，如图3-64所示。在随后弹出的对话框中设置好标题和导出位置，将该文字素材导出备用。

图 3-64 导出文本素材

2. 制作镂空文字效果

基础文字素材制作好后，可以将其与视频素材相结合，通过设置混合模式制作出镂空文字的效果。

扫码观看视频

步骤01 打开剪映创作界面，在媒体素材区中的“媒体”面板内单击“导入”按钮，如图3-65所示。

步骤02 打开“请选择媒体资源”对话框，选择一个要使用的视频素材，单击“打开”按钮，如图3-66所示。

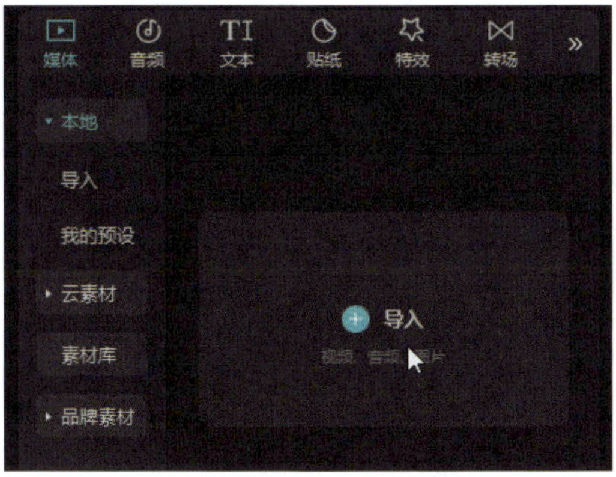

图 3-65　执行“导入”命令

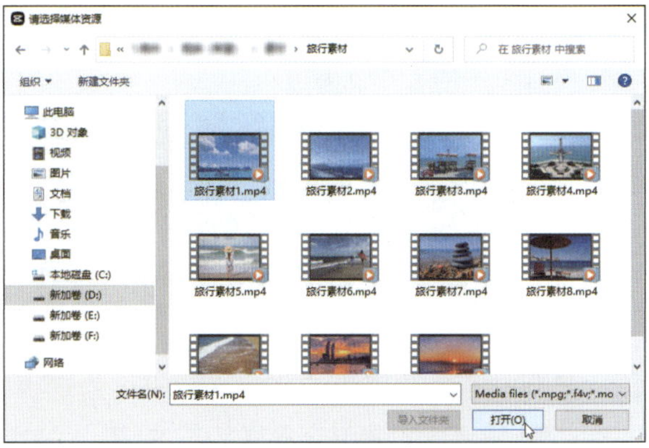

图 3-66　选择素材

步骤 03 所选素材随即被导入剪映，单击素材上方的按钮，将素材添加到主视频轨道中，如图3-67所示。

图 3-67　将素材添加到轨道

步骤 04 导入之前制作好的“海南”文字素材，并将该素材添加到视频轨道，如图3-68所示。

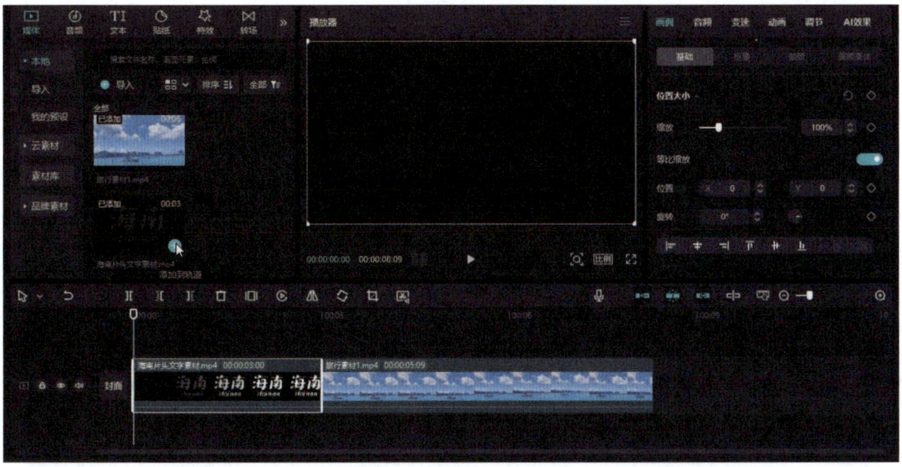

图 3-68　添加文字素材

步骤 05 将“海南”文字素材拖动到上方轨道中显示，并将其开始位置与下方轨道中视频的开始位置对齐，如图3-69所示。

图 3-69　移动文字素材位置

步骤 06 保持上方轨道中的文字视频素材为选中状态，在属性调节区中打开“画面”面板，在“基础”选项卡中设置混合模式为“变暗”，制作出镂空文字效果，如图3-70所示。

图 3-70　设置文字素材的混合模式

3. 制作文字开屏转场效果

使用蒙版和动画功能，可以为文字片头添加动态开屏转场效果。下面将介绍其具体操作步骤。

扫码观看视频

步骤 01 选中上方轨道中的文字视频素材，在属性调节区中的“画面”面板内打开“蒙版”选项卡，选择“线性”选项，如图3-71所示。

图 3-71　为文字素材添加蒙版

步骤02 将光标移动到播放器窗口中，拖动◎按钮，将蒙版旋转-90°，如图3-72所示。

图 3-72 旋转蒙版

步骤03 将时间轴移动到轨道的最左侧，保持上方轨道中的文本视频素材为选中状态，按Ctrl+C组合键，随后按Ctrl+V组合键，复制出一份文字视频素材，如图3-73所示。

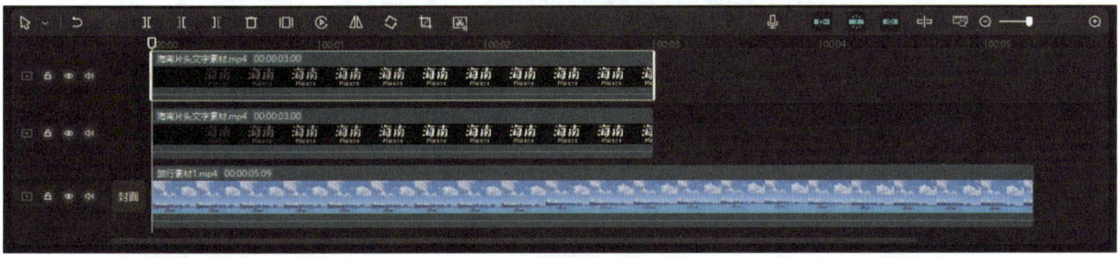

图 3-73 复制文字素材

步骤04 选中最上方的文字视频素材，在播放器窗口中拖动◎按钮，将蒙版旋转90°，如图3-74所示。

图 3-74 旋转被复制的文字素材蒙版

步骤05 此时画面中的“海”和“南”之间会有一条缝隙，适当拖动蒙版中的白色线条可以遮盖住缝隙，如图3-75所示。

步骤06 保持最上方的文字视频素材为选中状态，打开“动画”面板，切换到“出场”选项卡，选择“向右滑动”动画，设置动画时长为“1.0s”，如图3-76所示。

图 3-75　调整蒙版缝隙

图 3-76　为右侧文字设置出场动画

步骤 07 选择中间轨道中的文字视频素材，为其添加“向左滑动”出场动画，动画时长为“1.0s”，如图3-77所示。

图 3-77　为左侧文字设置出场动画

步骤08 至此完成镂空文字开场片头的制作。预览视频，查看效果，如图3-78所示。

图 3-78 预览片头效果

■3.6.2 处理画面和音乐素材

旅行途中可以尽量多地拍摄一些素材，以便后期剪辑时有充分的素材可使用。下面介绍如何在剪映中导入素材，并对素材进行整理。

扫码观看视频

1. 处理素材

在剪映中导入多个素材时，可以对素材的播放顺序、每段素材的时长等进行调整，下面介绍如何批量导入素材，并调整素材播放顺序。

步骤01 将时间轴移动到主轨道中视频的结束位置，在媒体素材区中打开“媒体”面板，在“本地”界面内单击“导入”按钮，如图3-79所示。

步骤02 打开“请选择媒体资源”对话框，按住Ctrl键依次单击要使用的视频素材，将这些素材选中，单击“打开”按钮，如图3-80所示。

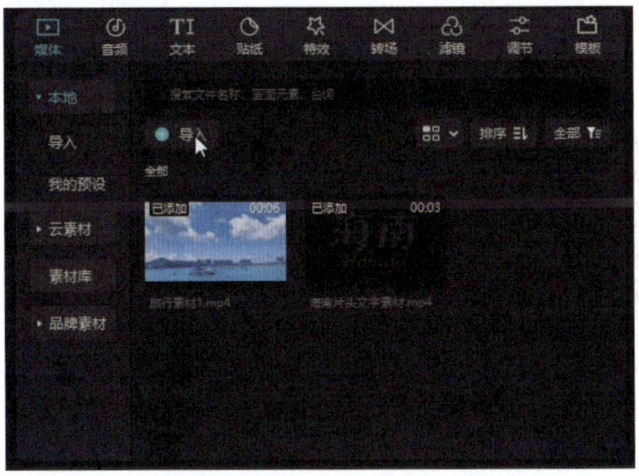

图 3-79 执行“导入”命令

图 3-80 批量选择素材

步骤03 所选素材随即被批量导入剪映中，默认情况下，批量导入的素材全部为选中状态。单击任意一个被选中的素材上方的按钮，如图3-81所示。

步骤04 批量导入的视频素材随即被添加到主轨道中的第1段视频素材之后，如图3-82所示。

步骤05 在主轨道中选择需要调整播放顺序的素材，如图3-83所示，向目标位置进行拖动，目标位置随即自动出现可放置所选素材的空隙，如图3-84所示。松开鼠标即可完成素材位置的调整，如图3-85所示。

图 3-81　批量添加素材

图 3-82　完成素材的添加

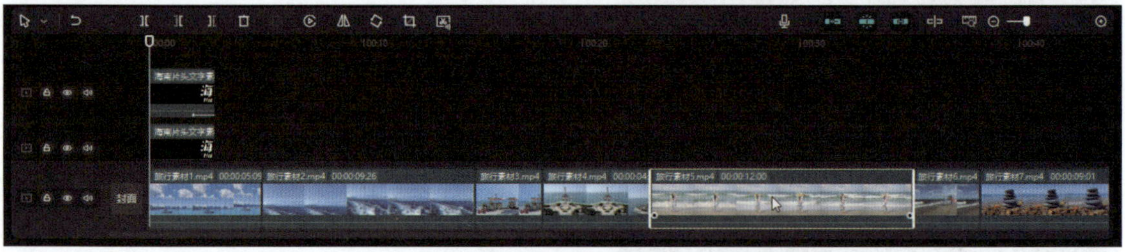

图 3-83　选择素材

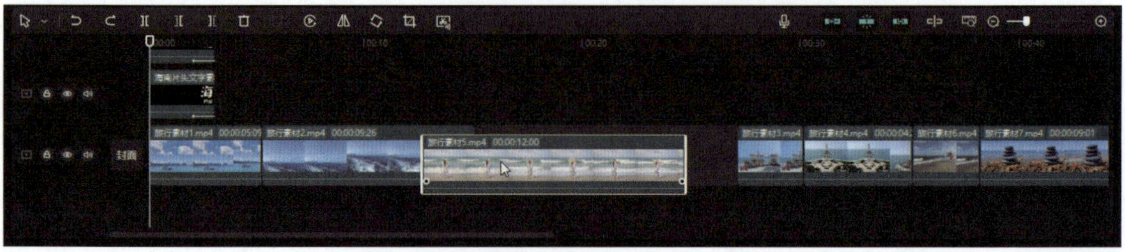

图 3-84　拖动素材

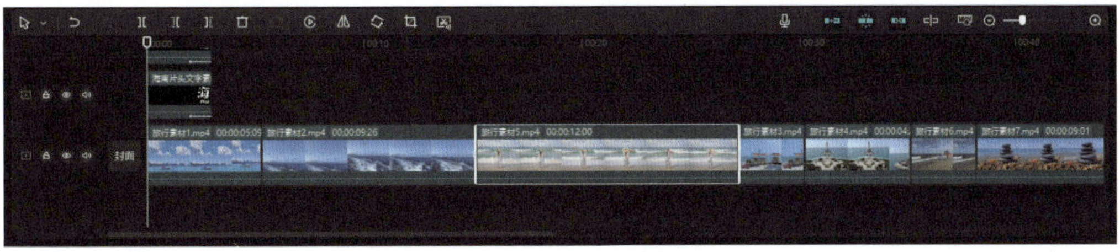

图 3-85 完成素材位置的调整

步骤06 随后参照上述步骤继续调整其他视频素材的播放顺序，如图3-86所示。

图 3-86 调整素材播放顺序

2. 处理背景音乐

背景音乐是短视频中一个不可缺少的元素，恰当的音乐可以起到烘托视频氛围、增强情感共鸣等作用。下面为旅行视频添加背景音乐。

步骤01 在剪映中导入背景音乐素材，随后将音乐素材添加到音频轨道中，如图3-87所示。

图 3-87 添加背景音乐

步骤02 先试听音乐，然后选中音频素材，将时间轴移动到想要裁剪的位置（本例将时间轴定位于00:00:35:22时间点），在工具栏中单击“向左裁剪”按钮，如图3-88所示。时间轴左侧部分的音频随即被裁剪掉，如图3-89所示。将光标移动到音频素材上方，按住鼠标左键进行拖动，将其移动到轨道的最左侧，如图3-90所示。

步骤03 将时间轴移动到00:00:26:05时间点，在工具栏中单击“向右裁剪”按钮，删除时间轴右侧的音频，如图3-91所示。

图 3-88　选择裁剪位置

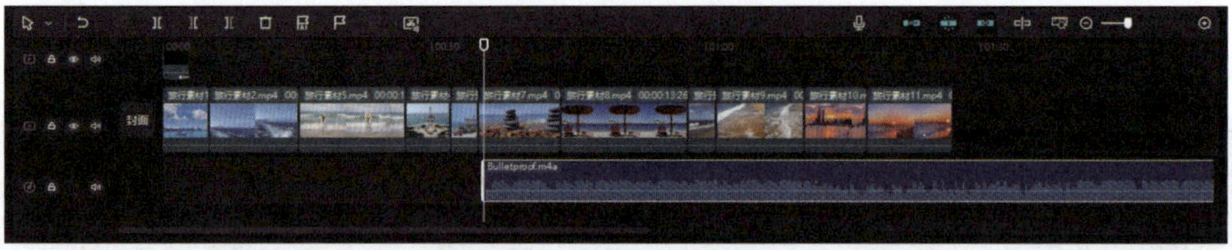

图 3-89　裁剪背景音乐

图 3-90　将背景音乐移动到轨道最左侧

图 3-91　删除背景音乐的多余部分

步骤 04 保持音频素材为选中状态，在属性调节区中打开“基础”面板，设置音量为“7.5dB”增强音量，设置淡出时长为“10.0s”，为背景音乐添加淡出效果，如图3-92所示。

图 3-92　设置背景音乐的淡出效果

3. 制作视频卡点效果

视频画面和背景音乐的节拍同步会让观众更好地感受视频的节奏。下面为背景音乐踩点，然后让视频的切换卡在节拍点上。

步骤01 选择背景音乐素材，在工具栏中单击“自动踩点”按钮，在下拉列表中选择“踩节拍I”选项，如图3-93所示。音频素材中随即显示黄色的节拍点，如图3-94所示。

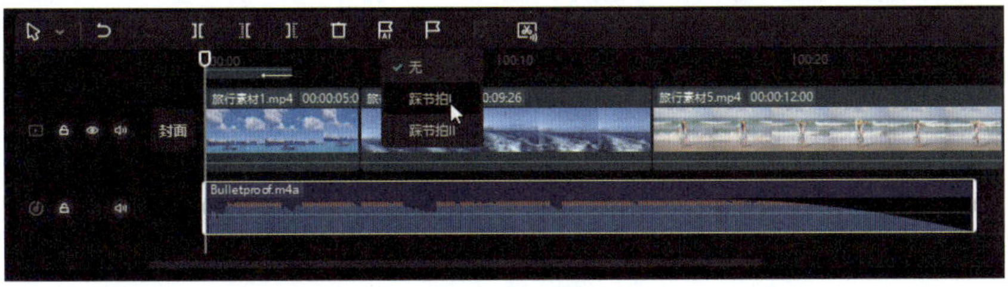

图 3-93 执行“自动踩点”命令

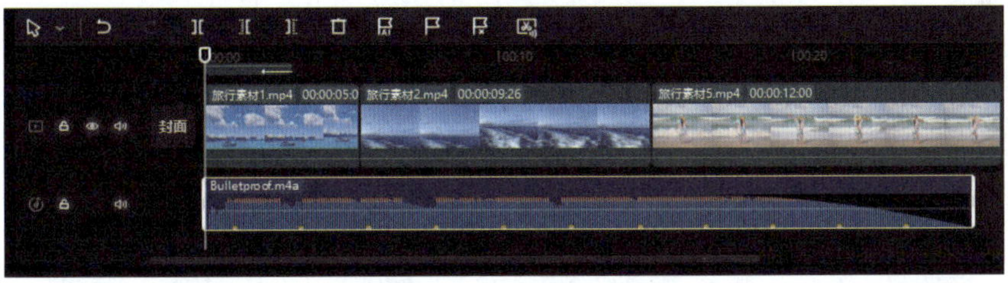

图 3-94 完成音频自动踩点

步骤02 将时间轴移动到音频素材的第2个节拍点上，选中主轨道中的第1段视频素材，在工具栏中单击“向右裁剪”按钮，如图3-95所示。将该视频在时间轴右侧的部分删除，如图3-96所示。

图 3-95 根据踩点位置裁剪视频素材

图 3-96 完成视频素材的裁剪

步骤03 参照上一步骤继续裁剪主轨道中其他视频素材的时长，使剩余素材的开始位置和结束位置均与下方音频素材上的节拍点对齐，如图3-97所示。

图 3-97　设置剩余视频素材时长

3.6.3　添加叠化转场让镜头无缝连接

使用叠化转场可以让镜头的切换变得不易察觉，从而降低画面切换时的突兀感。下面介绍叠化转场的操作方法。

扫码观看视频

步骤 01 将时间轴移动到主轨道中前两个视频素材的连接位置，在媒体素材区中打开“转场”面板，选择“叠化”分类，随后单击“叠化”选项上方的按钮，如图3-98所示。

图 3-98　添加“叠化”转场

步骤 02 两段视频素材之间随即添加相应转场效果，在属性调节区中的“转场”面板中设置时长为“0.6s”，随后单击“应用全部”按钮，如图3-99所示。

图 3-99　执行“应用全部”命令

步骤03 主轨道中所有视频素材之间随即全部被添加“叠化”转场效果，如图3-100所示。

图 3-100 所有视频应用相同转场效果

■3.6.4 用字幕美化旅行视频

扫码观看视频

字幕可以使平淡无奇的画面变得生动鲜活起来。下面使用字幕美化旅行视频，其具体操作步骤如下：

步骤01 将时间轴移动到00:00:02:05时间轴，在媒体素材区中打开“文本”面板，在左侧导航栏中打开“文字模板”组，选择“简约”分类，随后添加一个满意的文字模板素材，如图3-101所示。

图 3-101 添加文字模板

步骤02 保持文字模板素材为选中状态，在属性调节区中“文本”面板的“基础”选项卡中可以修改文字模板的内容，如图3-102所示。

图 3-102　修改文字模板

步骤03 在时间线窗口中拖动文字模板素材的右侧边缘，使其结束位置与主轨道中第3段视频素材的结束位置对齐，如图3-103所示。

图 3-103　设置文字模板时长

步骤04 将时间轴定位于文字模板素材的结束位置。打开“文本”面板，添加默认文本素材，如图3-104所示。

图 3-104　添加默认文本素材

步骤05 保持默认文本素材为选中状态，在属性调节区中“文本”面板的“基础”选项卡中输入一段与旅行相关的英文内容，修改字体为“Meddon”，如图3-105所示。

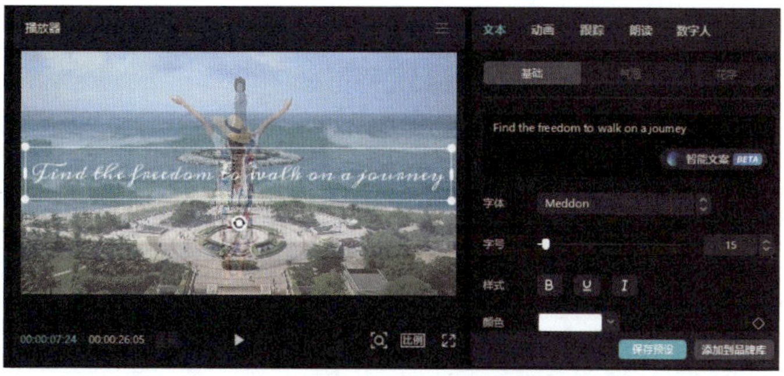

图 3-105 设置文本格式

步骤06 设置缩放值为“95%”，适当缩小字幕。设置位置的Y值为“-802”，将字幕移动到画面底部，如图3-106所示。

图 3-106 设置文本大小和位置

步骤07 在“混合”组中调整透明度为“70%”，为字幕适当添加透明度，如图3-107所示。

图 3-107 设置文本透明度

步骤08 勾选“阴影”复选框，设置不透明度为“40%”，模糊度为“50%”，其他参数值保存默认，为字幕添加阴影，如图3-108所示。

图 3-108 为文本添加阴影

步骤 09 在时间线窗口中拖动默认文本字幕的右侧边缘，使其结束位置与主轨道中最后一个视频素材的结束位置对齐，如图3-109所示。

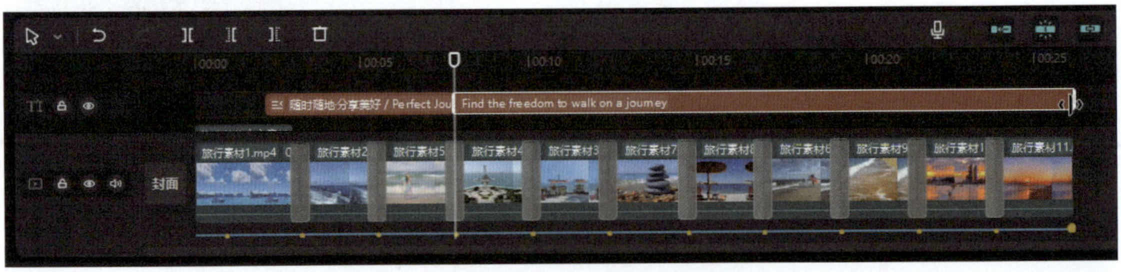

图 3-109　调整文本时长

步骤 10 保持默认文本素材为选中状态，在属性调节区中打开“动画”面板，在“入场”选项卡中选择“放大”动画，设置动画时长为“4.0s”，如图3-110所示。

图 3-110　为文本添加入场动画

步骤 11 预览视频，查看电影感旅行短视频的播放效果，如图3-111所示。

图 3-111　预览视频

微信扫码

AI短视频剪辑师
配套伴学资源
拍摄技巧分享
剪辑指导精讲

模块 4

视频画面的剪辑和优化

内容概要

剪映具备十分强大的剪辑和视频优化功能。除了裁剪和拼接功能，还可将视频画面中的不需要部分剪掉，或将多个视频片段拼接成一个完整的视频，以及通过画面调整、调色、美颜、滤镜、设置混合模式等方式对视频画面进行多种处理，实现创意的剪辑和合成。

数字资源

【本模块素材】："素材文件\模块4"目录下

4.1 设置视频比例和背景

剪映可以直接调整视频比例及视频在屏幕中的大小，以满足不同平台的要求。而视频背景则可以更好地突出视频的主题或氛围，或者为视频添加额外的视觉元素。

■4.1.1 设置视频比例

剪映内置了很多常见的视频比例，比如16：9、9：16、4：3、3：4、2：1、1：1等。当视频的原始比例不符合要求时，可以重新设置其比例。下面介绍设置视频比例的具体操作方法。

在播放器窗口右下角单击“比例”按钮，在展开的菜单中可以看到所有内置的视频比例，此处选择“9：16（抖音）”选项，如图4-1所示。视频的比例随即被更改，如图4-2所示。

图 4-1　选择视频比例

图 4-2　应用所选比例

■4.1.2 视频添加背景

若原始视频素材的比例和剪辑时所设置的比例不同，视频画面之外的区域会显示为黑色，影响视频质量，此时可以为视频添加背景。

1. 设置模糊背景

剪映可以将视频画面模糊处理作为背景，也可以使用图片或素材背景。下面介绍如何设置模糊背景。

在剪映中导入视频素材，并将视频添加到轨道，选中轨道中的素材。在功能区中打开“画面”面板，在“基础”选项卡中勾选“背景填充”复选框，随后单击“无”按钮，在下拉列表中选择“模糊”选项，如图4-3所示。

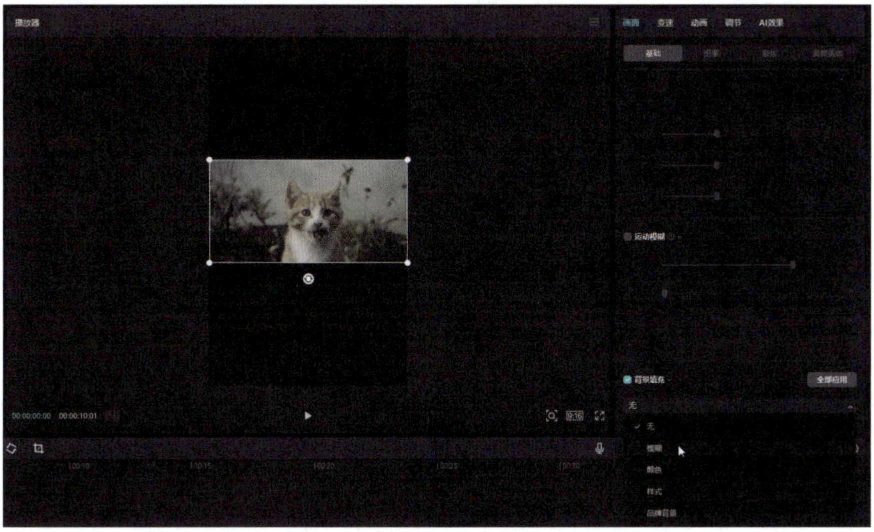

图 4-3　选择“模糊”背景

剪映提供了4种程度的模糊选项，选择合适的模糊程度，即可为当前视频片段设置相应模糊背景，如图4-4所示。

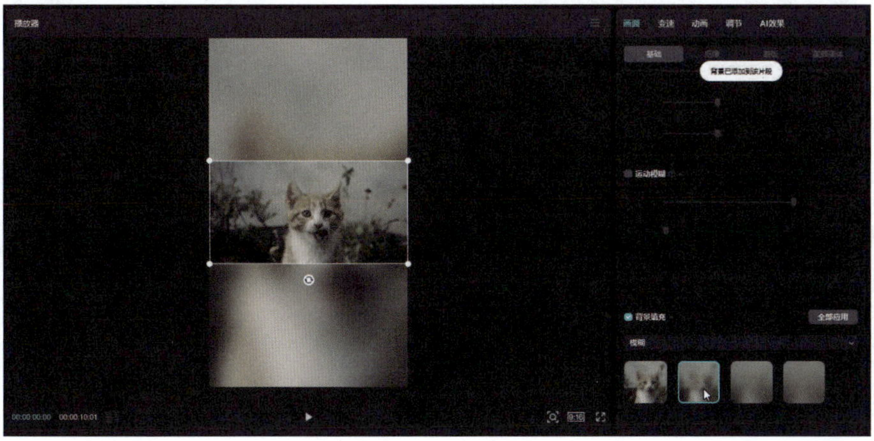

图 4-4　选择合适的模糊程度

2. 设置其他背景效果

除了模糊背景，还可以设置颜色背景或样式背景，在“背景填充”组中选择相应的选项，然后选择具体的颜色或样式即可，如图4-5和图4-6所示。

图 4-5　设置颜色背景

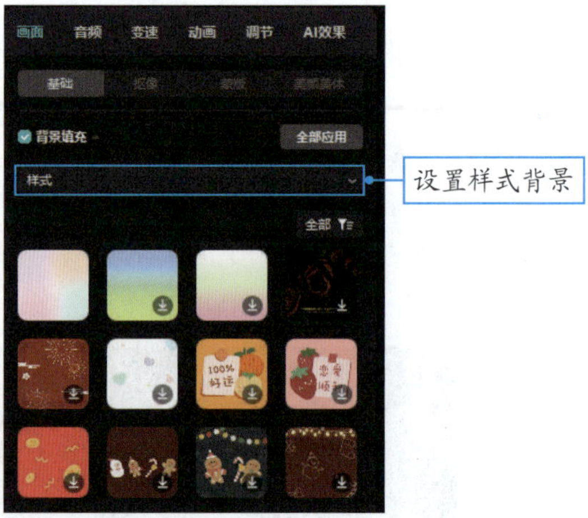

图 4-6　设置样式背景

4.2　视频画面基础编辑

视频画面的基础剪辑包括裁剪画面、旋转画面、设置镜像、将某一帧定格、设置倒放等。下面对上述操作进行详细介绍。

■ 4.2.1　裁剪画面

剪映可以根据画面中的主体对视频尺寸进行自由裁剪，或根据指定比例裁剪。具体操作方法为：在轨道中选择要设置画面尺寸的视频素材，在工具栏中单击“裁剪”按钮，如图4-7所示。

图 4-7　选择要裁剪的视频素材

系统随即打开“裁剪”对话框。此时默认为“自由”裁剪模式，画面周围会显示8个裁剪控制点，拖动裁剪控制点，即可自由裁剪画面（以正常颜色显示的区域是要保留的部分，变暗的区域是要被裁减掉的部分），如图4-8所示。

除了自由裁剪视频，用户也可以使用剪映提供的比例裁剪视频。在“裁剪比例”对话框中单击“自由”按钮，在展开的列表中选择“9：16”选项，如图4-9所示。

图 4-8　自由裁剪视频画面

图 4-9　根据标准比例裁剪视频画面

画面上方随即显示相应比例的裁剪框。使用鼠标拖拽裁剪框的任意一个边角位置的圆形控制点，缩放裁剪框，随后将裁剪框拖动到合适的位置，选择要保留的画面区域，如图4-10所示。

画面中的主体风车此时是倾斜的，在窗口左下角拖动“旋转角度”滑块，将画面旋转适当角度，可以将主体调整为在画面中垂直显示，设置完成后单击“确定”按钮即可完成裁剪，如图4-11所示。

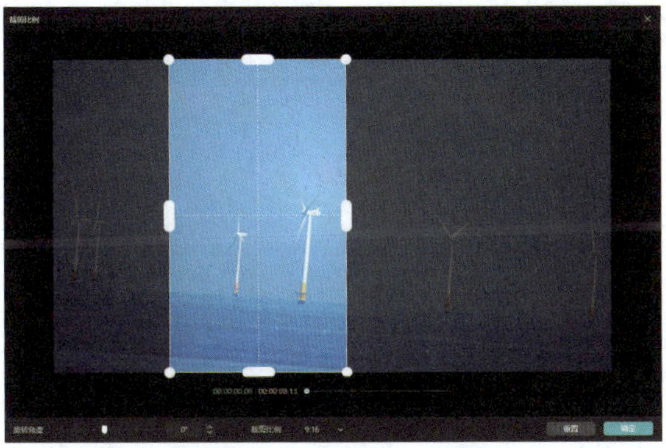

图 4-10　调整裁剪框位置

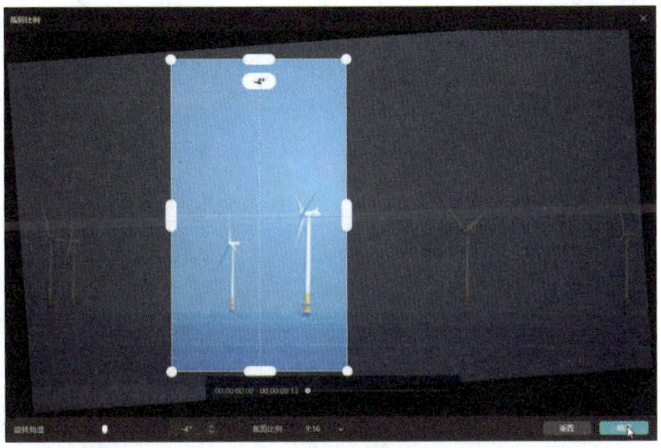

图 4-11　旋转画面

■4.2.2　旋转画面

旋转视频画面是制作高级效果的基础步骤，下面介绍其常用操作方法。在轨道中选择要进行旋转的素材，在工具栏中单击“旋转”按钮，视频画面随即被自动旋转90°，如图4-12所示。若再次单击“旋转”按钮，视频画面会在当前角度的基础上继续旋转90°，每次单击“旋转”按钮，则自动旋转90°。

图 4-12　旋转视频画面

除了单击“旋转”按钮，用户也可以在播放器窗口中拖动视频画面下方的旋转按钮，将画面旋转任意角度，如图4-13所示。

图 4-13　将画面旋转任意角度

■4.2.3　画面镜像

“镜像”可以将视频画面中的所有元素水平翻转。在轨道中选择要设置镜像显示的视频片段，在工具栏中单击镜像按钮，如图4-14所示，即可完成镜像设置，如图4-15所示。

图 4-14　执行“镜像”命令

图 4-15　完成画面镜像

■4.2.4　画面定格

定格即为让视频中的某一帧画面停止而成为静止画面，在视频剪辑中比较常见。例如，为了突出某个场景或人物，而将画面定格。

在时间线窗口中选择要进行操作的视频片段。通过移动时间轴定位好需要定格的画面，在状态栏中单击“定格”按钮，如图4-16所示。

图 4-16　执行“定格”命令

时间轴位置的画面随即被定格，如图4-17所示。通常默认生成的定格片段时长为3 s，将光标移动到定格素材最右侧（或最左侧）边缘处，待光标变成双向箭头时按住鼠标左键进行拖动，可以延长或缩短定格画面的时长，如图4-18所示。

图 4-17　生成定格素材

图 4-18　设置定格素材的时长

■4.2.5　视频倒放

视频倒放是视频剪辑中很常用的一种技巧，可以将原本正常播放的视频从后往前播放，用来表现时间倒转。在视频轨道中选择视频片段，在工具栏中单击“倒放”按钮，如图4-19所示。

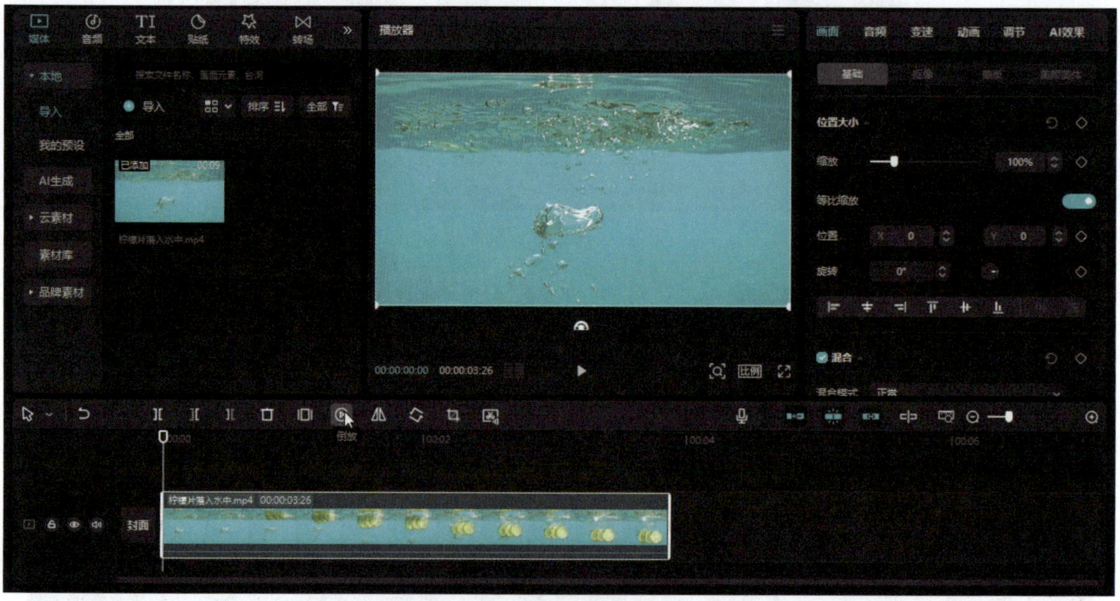

图 4-19　执行“倒放”命令

剪映随即对所选视频素材进行倒放处理。处理完成后，视频即可被设置为倒放，在播放器窗口中可以看到，原本的最后一帧画面已经变为了视频的第1帧画面，如图4-20所示。

图 4-20　完成倒放处理

4.3　设置视频画面的混合模式

剪映中的混合模式功能非常强大，它可以将两个或多个图层进行混合，通过改变图像的亮度、对比度、颜色和透明度等，创造出独特的视觉效果。

■4.3.1　混合模式的类型

在剪映专业版中，混合模式包含11种类型，分别为正常、变亮、滤色、变暗、叠加、强光、柔光、颜色加深、线性加深、颜色减淡和正片叠底。这些混合模式可以改变图像的亮度、对比度、颜色和透明度等特性，从而创造出不同的视觉效果。

如果按照功能进行归类，可以将混合模式分为4大类，分别为正常组、去亮组、去暗组和对比组。

- **正常组：**正常模式是默认的混合模式，上层图层完全覆盖下层图层，通过调节不透明度显示下层图层。
- **去亮组：**变暗、正片叠底、线性加深、颜色加深等模式可以去掉亮部，这种模式常用于处理底色为白色的视频。
- **去暗组：**滤色、变亮、颜色减淡等模式可以去掉暗部，这种模式常用于处理底色为黑色的视频。
- **对比组：**叠加、强光、柔光等模式可以增加图像对比度，从而生成各种视觉效果。

■4.3.2　"滤色"制作文字特效片头

在剪映应用中，滤色混合模式可以过滤掉较暗的像素，保留较亮的像素，并将这些像素的颜色值与底层的颜色值进行混合，达到更亮的效果。导入两段视频素材，并将视频添加到轨道中，拖动素材，将文字视频素材放在上方轨道中显示，选中上方轨道中的文字视频素材，在“画面”面板中的“基础”选项卡内单击“混合模式”下拉按钮，选择“滤色”选项，如图4-21所示。

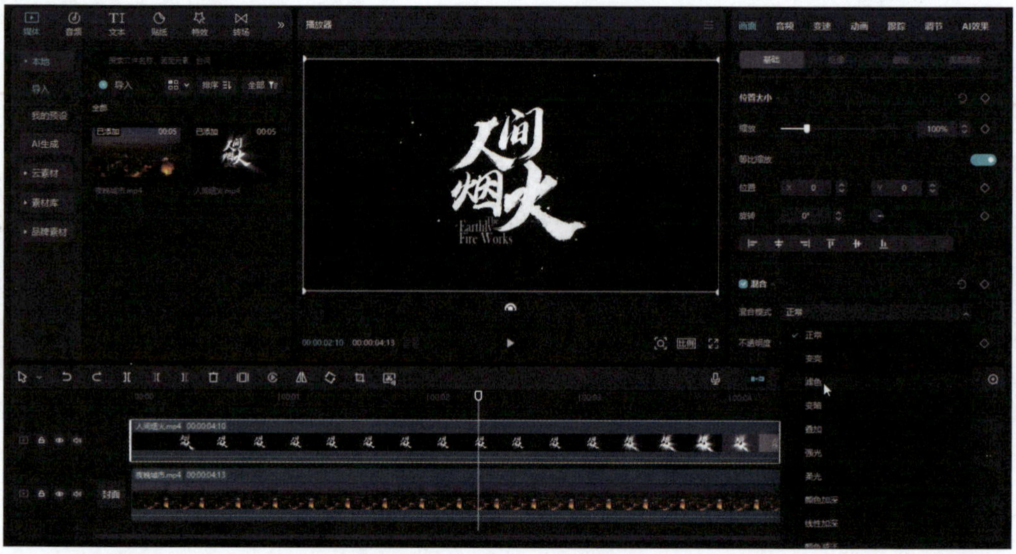

图 4-21　执行“滤色”命令

视频的黑色背景随即被去除，显示出下方轨道中的视频画面，从而形成两个视频画面相互重叠的效果，如图4-22所示。

图 4-22　应用滤镜混合模式

■4.3.3　“变暗”制作天空飞鸟效果

变暗的原理是去掉亮色保留暗色，比如本例中飞鸟的剪映比背景深，用“变暗”混合模式可以过滤掉白色背景，保留飞鸟的剪影。

在剪映中导入两段视频素材，并将“大雁”视频拖动至上方轨道内显示，保持上方轨道中的视频为选中状态，设置“混合模式”为“变暗”，如图4-23所示。

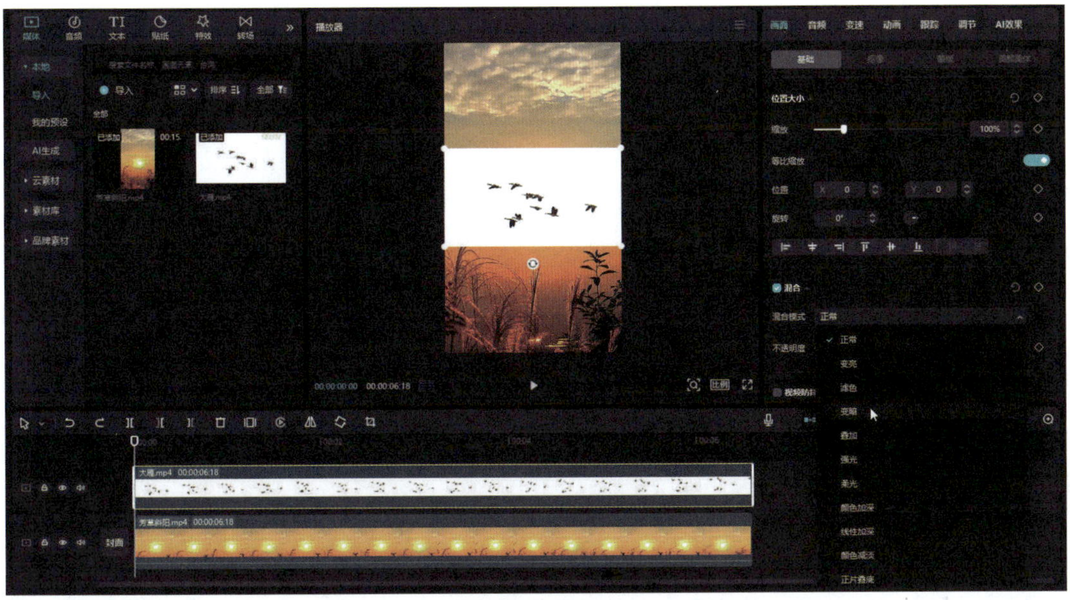

图 4-23 设置混合模式

上方轨道中视频的白色背景随即变透明，如图4-24所示。在“播放器”窗口中调整飞鸟的大小和位置即可，如图4-25所示。

图 4-24 背景被去除

图 4-25 调整飞鸟大小和位置

■4.3.4 “正片叠底”制作画面叠加效果

正片叠底混合模式是一种暗混合模式，它可以将上层图像与底层图像进行混合，使图像颜色更深暗。

在剪映中添加视频并调整好视频的位置，选中上方轨道中的视频片段，设置“混合模式”为“正片叠底”，如图4-26所示。所选视频随即变为半透明状，从而和下方视频画面混合叠加。在“混合模式”选项下方拖动“不透明度”滑块，还可以设置画面的不透明度，如图4-27所示。

图 4-26　执行“正片叠底”命令

图 4-27　设置不透明度

4.4 视频画面美化

剪映提供了很多简单好用的视频美化工具。例如，使用“美颜美体”功能一键优化视频；使用贴纸装饰视频等。

4.4.1 智能美颜与美体

剪映专业版提供了丰富的美颜美体工具，通过调整皮肤质量、美白、瘦脸、大眼等美化人脸部的外貌，以及通过瘦身、宽肩、长腿、瘦腰等功能，调整身体比例和肌肉线条改变身体的外观，使画面中的人体更加美观。

在轨道中选择包含人像的视频片段，在功能区中的“画面”面板中打开“美颜美体”选项卡，可以看到其中包含的所有美颜、美体工具，这些工具根据类型被分为美颜、美型、手动瘦脸、美妆以及美体5个功能组，如图4-28～图4-31所示。

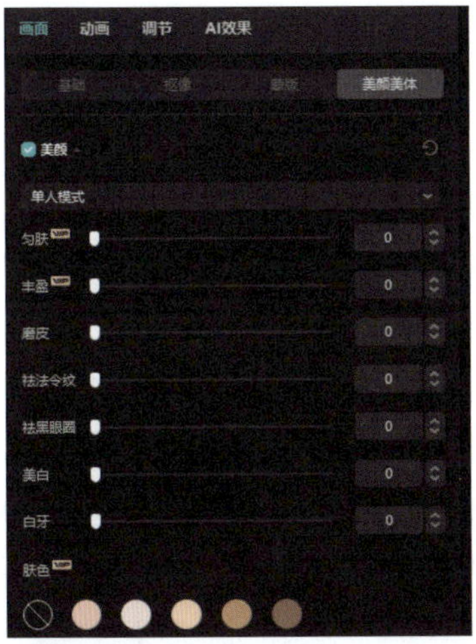

图 4-28 美颜工具

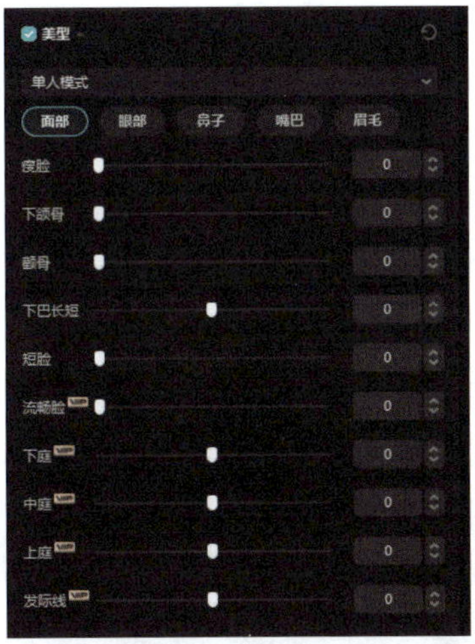

图 4-29 美型工具

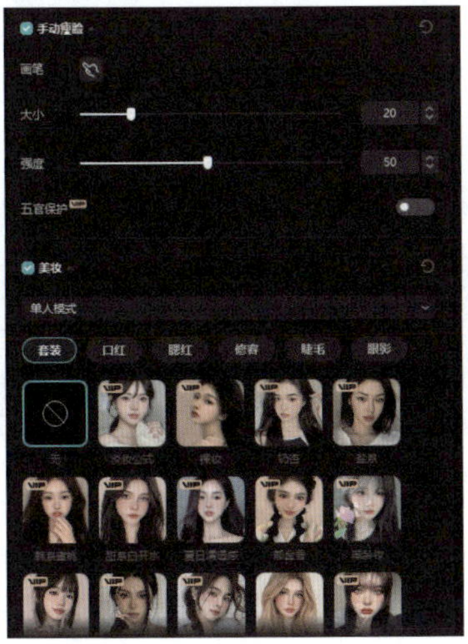

图 4-30 美妆工具

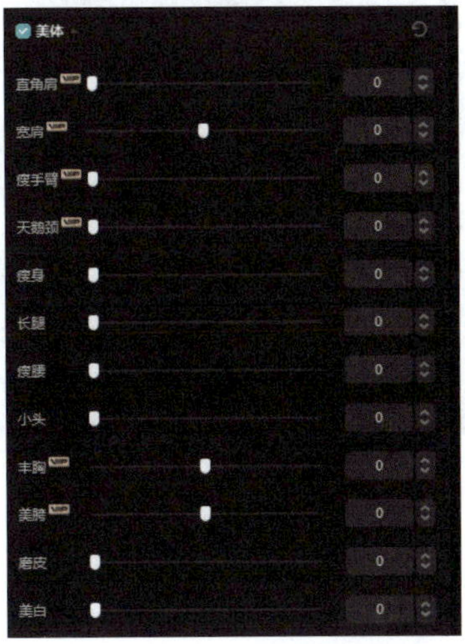

图 4-31 美体工具

各个功能组的详细说明如下：

（1）美颜。

其中包含均肤、丰盈、磨皮、祛法令纹、祛黑眼圈、美白、白牙以及一键设置肤色等命令。

（2）美型。

主要包含面部、眼部、鼻子、嘴巴以及眉毛5个选项卡，每个选项卡中提供相应的命令选项，比较常用的包括瘦脸、大眼、瘦鼻、嘴大小、眉高低等。

（3）手动瘦脸。

主要包含“画笔”工具，可以手动对人物进行瘦脸，并且可以调整画笔的大小和强度。

（4）美妆。

主要包含套装、口红、睫毛、眼影4个选项卡，“套装”选项卡中提供了大量妆容模板，只需在要使用的美妆效果上方单击即可应用。其他选项卡中则提供了对应的命令选项。

（5）美体。

主要包含宽肩、瘦手臂、天鹅颈、瘦身、长腿、瘦腰、小头、丰胸、美胯、磨皮、美白等选项，通过调节具体参数值即可对视频中的人物进行相应美颜、美体操作。

■4.4.2 用贴纸美化视频画面

剪映素材库中提供了丰富的贴纸类型，包括互动、指示、情绪、萌宠、美食、科技、旅行、遮挡、复古、边框、爱心等。另外剪映还会根据季节、节日、时事热点等实时更新贴纸。

在媒体素材区中打开“贴纸”面板，在面板左侧导航栏中选择好贴纸的类型，在想要使用的贴纸上方单击按钮，即可将该贴纸添加到轨道中，如图4-32所示。

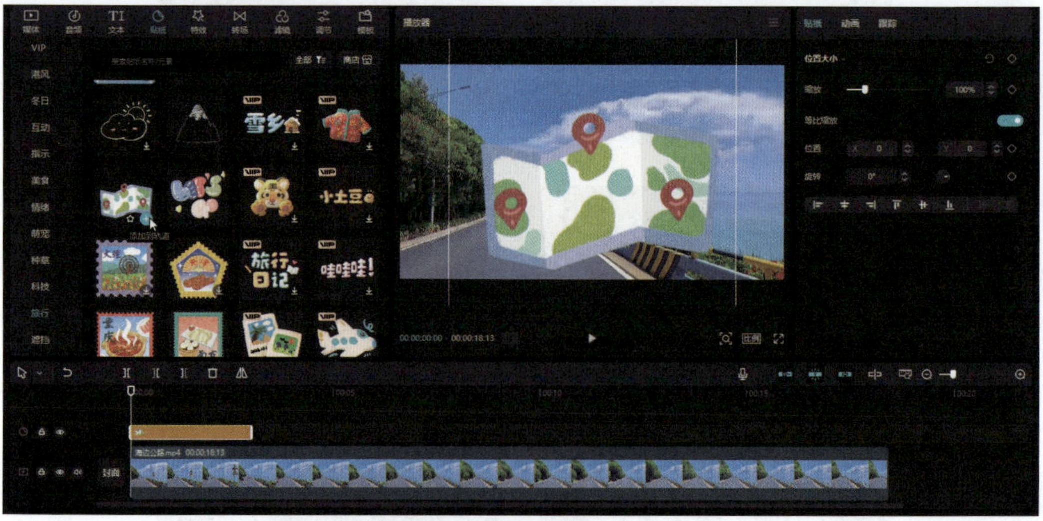

图 4-32 添加贴纸

添加贴纸后，在属性调节区中的“贴纸”面板中可以对贴纸的缩放比例、位置以及旋转角度等进行设置。除此之外，也可以直接在播放器窗口中通过鼠标拖拽方式快速调整贴纸的大小、位置以及角度，如图4-33所示。

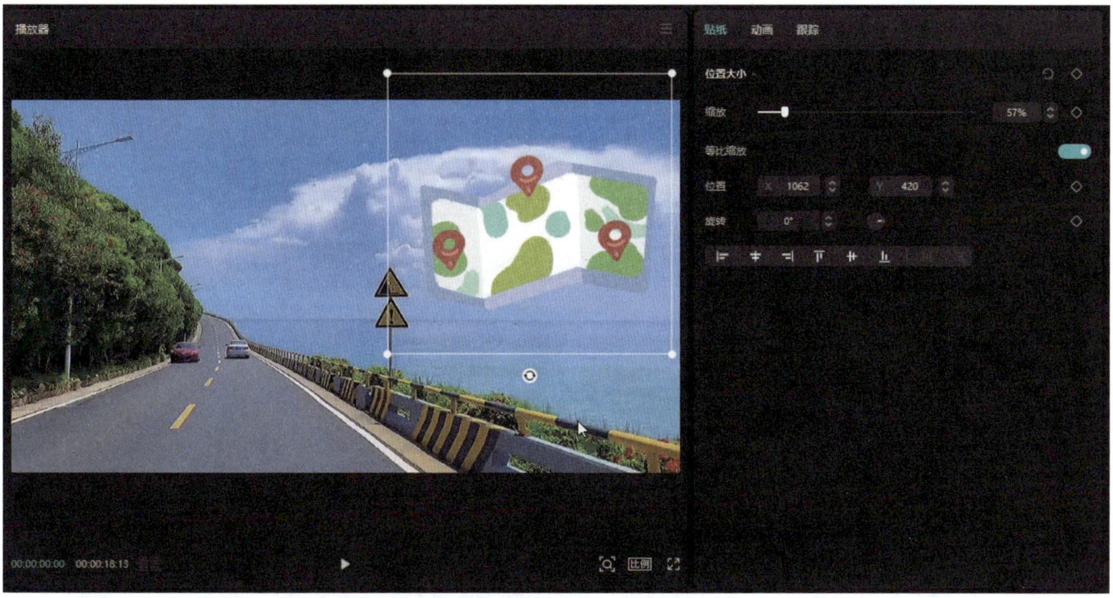

图 4-33 调整贴纸大小、位置以及角度

■ 4.4.3 设置贴纸运动跟踪

用户可以对贴纸设置运动跟踪，让贴纸跟踪视频中的某个物体进行移动。首先在“贴纸”面板中添加贴纸素材，如图4-34所示。

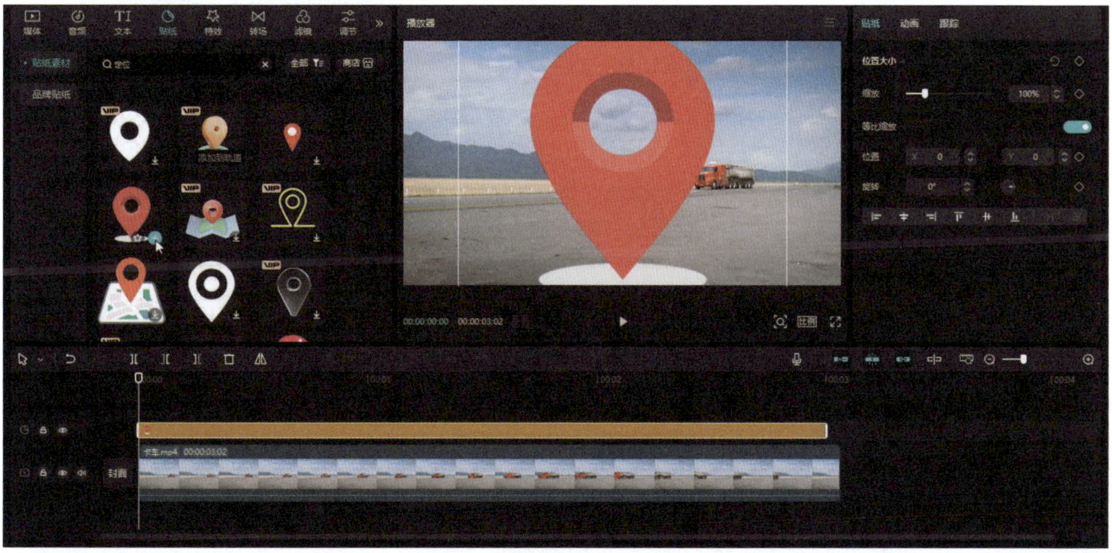

图 4-34 添加贴纸

设置好贴纸的时长、大小和位置，保持贴纸素材为选中状态，在属性调节区中打开“跟踪”面板，单击“运动跟踪”按钮，如图4-35所示。

在播放器窗口中调整黄色跟踪框的大小和位置，让跟踪框选中要跟踪的物体，单击“开始跟踪”按钮，如图4-36所示。

图 4-35 执行“运动跟踪”命令

图 4-36 开始跟踪

系统随即对贴纸的运动轨迹进行处理。处理完毕后，通过预览视频可以查看到贴纸随着被跟踪的物体一起运动以及缩放的效果，如图4-37所示。

图 4-37 预览跟踪效果

4.5 视频画面创意调色

视频调色的作用在于通过调整曝光和色调的各项参数，提升视频的观感质量和观赏度，以达到更好的视觉效果。

4.5.1 基础调色

在功能区中打开“调节”面板，在“基础”选项卡中展开“调节”组，可以看到该组内包含“色彩”“明度”“效果”三种类型的参数，通过调节这些参数可以对视频的色彩、亮度以及画面效果进行细致的调整。例如，通过调节“色温”“色调”“饱和度”“光感”“清晰”几项参数（如图4-38所示），得到图4-39和图4-40所示的对比效果。

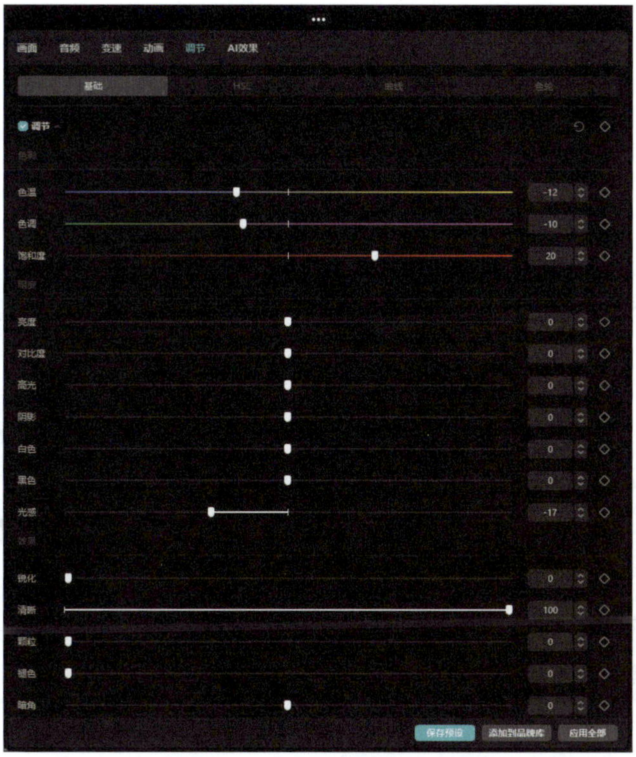

图 4-38 设置各项调节参数

微信扫码

☑AI短视频剪辑师

☑配套伴学资源

☑拍摄技巧分享

☑剪辑指导精讲

图 4-39 调节前的效果

图 4-40 调节后的效果

■4.5.2 HSL八大色系调色

剪映中的HSL可以单独控制画面中的某一个颜色，包含红、橙、黄、绿、浅绿、蓝、紫和品红8种基本色系。每种颜色可以独立调整色相、饱和度和亮度，如图4-41所示。

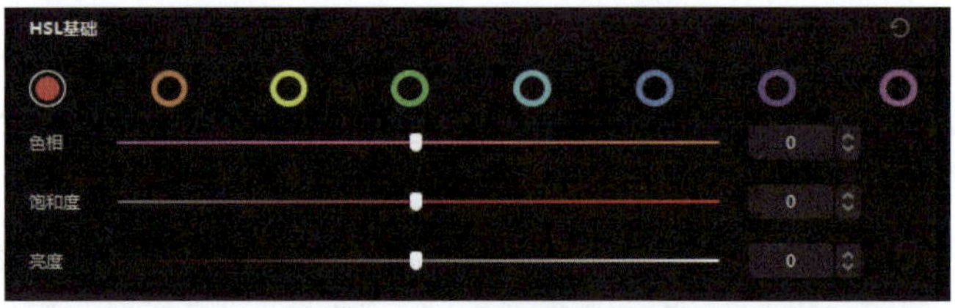

图 4-41 调整颜色

HSL调色适合在需要精细调整照片中某种色彩的情况下使用。例如，在人像摄影中，更加精细地调整人物的肤色和嘴唇的颜色；在风景摄影中，更加准确地调整天空的蓝色和植物的绿色等。

在剪映中导入视频，并将视频添加到轨道中，保持视频为选中状态。打开“调节”面板，切换到“HSL”选项卡，选择要调整的颜色为橙色，将“色相”参数设置为“100”，设置“饱和度”参数为“33”，如图4-42所示。选择黄色，设置色相参数为“40”。

图 4-42 使用 HSL 工具调色

使用HSL工具对视频调色前后的对比效果如图4-43和图4-44所示。

图 4-43 调色前

图 4-44 调色后

■4.5.3 曲线调色

曲线调色是通过调整曲线的形状来改变图像的色彩和明暗。曲线调色工具适合在需要精细调整色彩和明暗的情况下使用。例如，对于整体偏暗或偏亮的视频，可以通过调整色调曲线的形状，达到增加或减少图像亮度的目的。此外，曲线调色还可以用来纠正图像中的色偏，以及增强照片的对比度和饱和度等。

剪映的曲线调色由亮度、红色通道、绿色通道以及蓝色通道4个通道组成。亮度曲线用于调整画面的亮度；红、绿、蓝通道曲线则用于调整图像或视频的颜色，如图4-45所示。

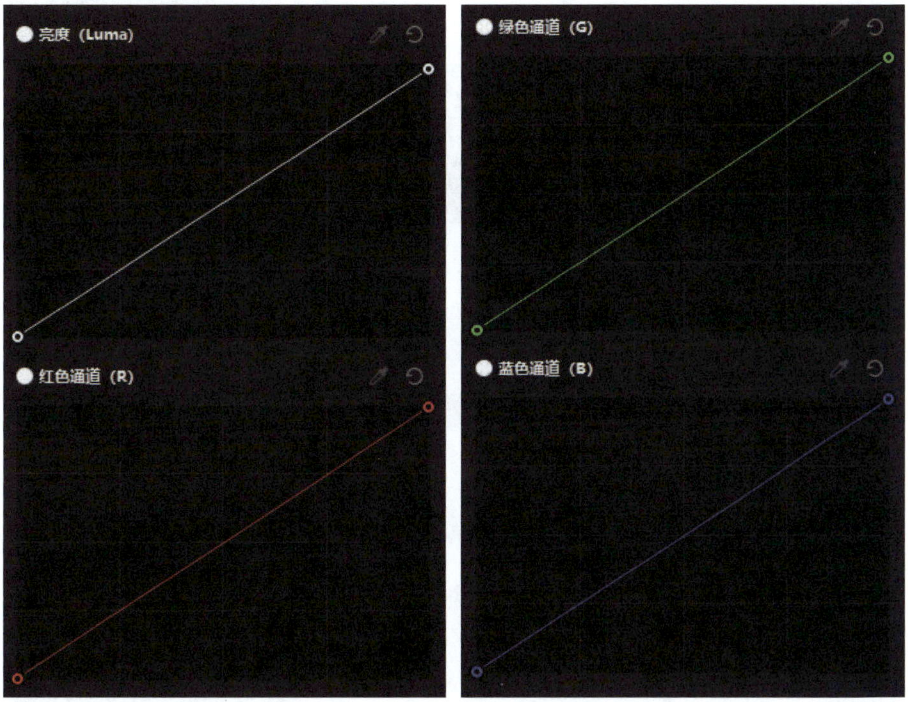

图 4-45　曲线调色的 4 个通道

在曲线调色中，每个通道中的线条表示该通道颜色的亮度分布，线条上的点可以用来调整该通道颜色的亮度、对比度和饱和度等参数。通过调整线条上的点，可以改变图像或视频的色彩和明暗分布。例如，通过调整红色通道曲线上的点，可以增加或减少红色通道的亮度，从而改变图像或视频的红色分布，如图4-46所示。

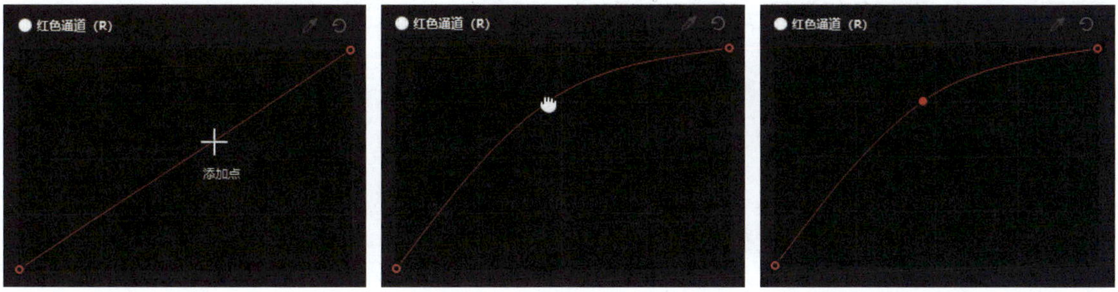

图 4-46　曲线调色的方法

在剪映中导入视频，并将视频添加到轨道中，在功能区中打开“调节”面板，切换到“曲线”选项卡。在“亮度”曲线中间位置添加点，然后向上方拖动点，提升视频整体亮度，如图4-47所示。

图 4-47 调整视频亮度

在“红色通道”中线条靠右上方的位置添加点，并向上方拖动，适当增加画面亮部红色的亮度，如图4-48所示。

图 4-48 增加亮部红色的亮度

使用“通道”工具为视频调色前后的对比效果如图4-49和图4-50所示。

图 4-49 调色前

图 4-50 调色后

■4.5.4 色轮调色

色轮主要通过对色调、饱和度和亮度等参数进行调整，改变视频的颜色。剪映的“色轮”工具提供了暗部、中灰、亮部、偏移4个色轮，如图4-51所示。这4个色轮的主要作用说明如下：

- **暗部：**主要控制画面中比较暗的部分。
- **中灰：**主要控制画面的中间色调。
- **亮部：**主要控制画面中比较亮的部分。
- **偏移：**主要控制整个画面的色调。

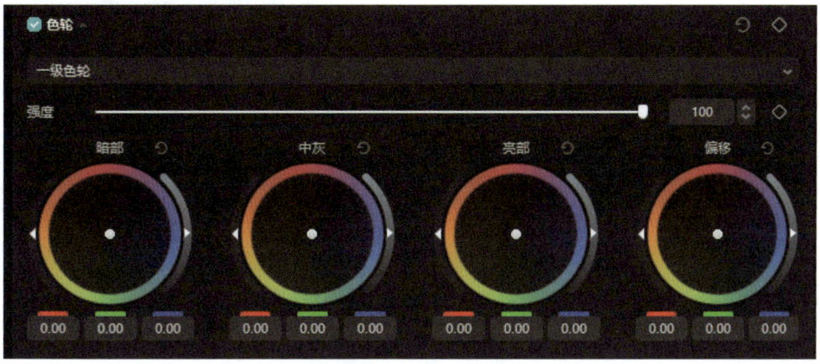

图 4-51 色轮

每个色轮均由颜色光圈、色倾滑块、饱和度滑块、亮度滑块4个主要部分组成，如图4-52所示。拖动色轮中的各种滑块或手动输入数值，可以让视频的色彩更加均衡、饱满，让画面更加美观。色轮中各组成部分的详细说明如下：

- **颜色光圈：**由红、绿、蓝三基色组成。
- **色倾滑块：**色倾是指颜色的倾向性。色倾滑块偏向颜色光圈中的哪种颜色，视频画面的色调则更偏向于哪种颜色。在偏向某种色调时，色倾滑块离颜色光圈越近，这种色调就越浓。
- **饱和度滑块：**用于调整画面的饱和度。越向上拖动，饱和度越高，越向下拖动，饱和度越低。
- **亮度滑块：**用于调整画面的亮度。越向上拖动，亮度越高，越向下拖动，亮度越低。

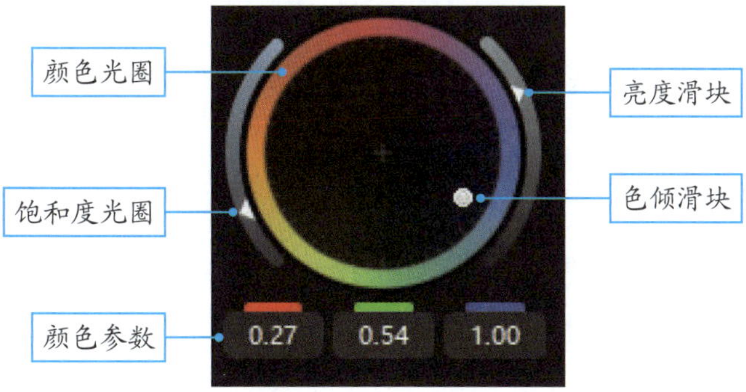

图 4-52 色轮的组成

下面使用“色轮”调节视频效果。在剪映的视频轨道中选择需要调色的视频片段，在功能区中打开“调节”面板，切换至“色轮”选项卡，分别对“暗部”“中灰”“亮部”色轮进行调整，具体参数如图4-53所示。

图 4-53　色轮调色

使用“色轮”工具对视频进行调色前后的对比效果如图4-54和图4-55所示。

图 4-54　调色前

图 4-55　调色后

4.6　画面滤镜的应用

滤镜主要是添加一键调色的滤镜效果。通过调整亮度、对比度、饱和度、光感、锐化、高光、阴影、色温、色调等参数，可以对画面的整体亮度、阴影和高光部分的亮度进行调整，再对画面色彩的饱和度、色调和色温做微调，以达到理想的调色效果。

4.6.1　剪映滤镜的类型

剪映的滤镜库中包含了种类丰富的滤镜，如风景、美食、夜景、风格化、复古胶片、户外、室内、黑白等。这些滤镜保存在素材区中的“滤镜”面板内，用户可以通过左侧导航栏中的滤镜分类，快速找到合适的滤镜，如图4-56所示。

图 4-56　滤镜库

■4.6.2　滤镜的使用方法

滤镜的使用方法非常简单，用户可以根据视频的类型和剪辑思路选择合适的滤镜。在剪映中导入视频素材，并将素材添加到轨道中。将时间轴定位于视频素材的开始位置，在媒体素材区中打开“滤镜”面板，在“滤镜库”组中选择“冬日”，在“勐海”滤镜上方单击按钮，即可将该滤镜添加到轨道中。在属性调节区中的“滤镜”面板内可以对滤镜的强度进行设置，如图4-57所示。

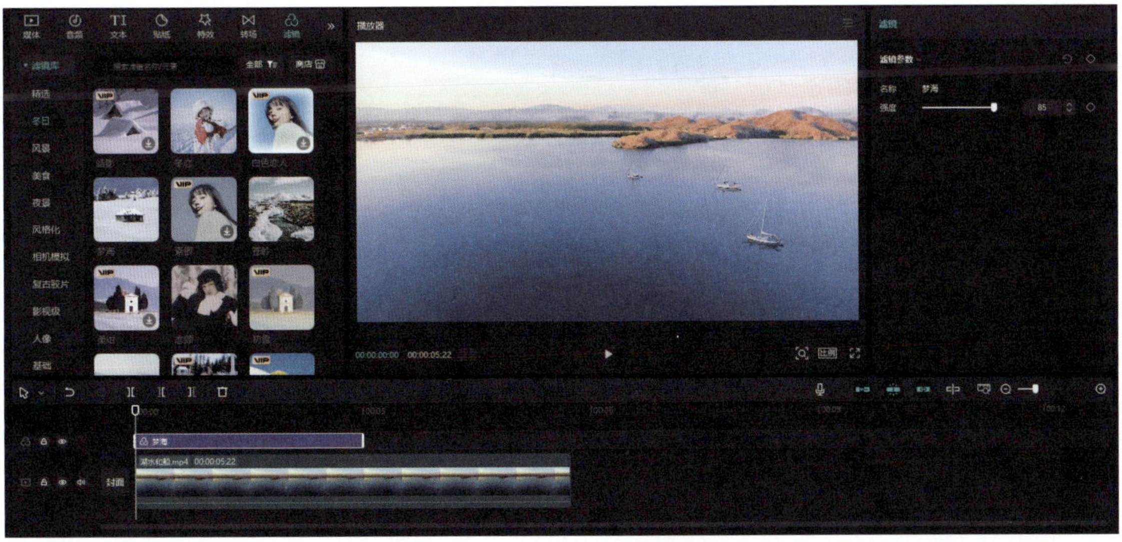

图 4-57　添加滤镜并设置滤镜强度

将光标移动到滤镜素材的右侧边缘处，按住鼠标左键进行拖动，可以调整滤镜时长，如图4-58所示。

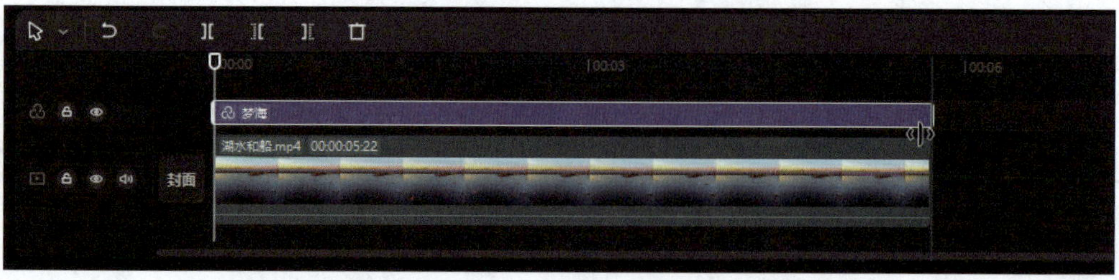

图 4-58　设置滤镜时长

为视频添加滤镜前后的对比效果如图4-59和图4-60所示。

图 4-59　添加滤镜前

图 4-60　添加滤镜后

4.7　案例实战：制作生活记录短视频

生活记录类的短视频强调记录生活的真实性，展现的是日常的生活状态。这类视频通过记录生活中的点滴和情感，能够引发观众的情感共鸣，让观众感受到生活中的温暖和美好。

■ 4.7.1　制作画面分割效果

视频的开场效果是能否吸引观众继续观看的关键。本例介绍如何制作画面分割后动态入场的片头效果。

扫码观看视频

1. 制作第1组分割画面

本例要制作的片头效果是由两段画面分割素材组成的。下面先介绍第1段分割画面的制作方法。

步骤 01 启动剪映并打开创作界面。打开保存素材的文件夹，选择要使用的视频素材，按住鼠标左键将素材向剪映创作界面中的轨道内拖动，如图4-61所示。

步骤 02 松开鼠标后即可将视频添加到轨道中，如图4-62所示。

步骤 03 保持时间轴停留在轨道的最左侧，在媒体素材区中打开“文本”面板，单击“默认文本”选项上方的■按钮，向轨道中添加文本素材，随后在文本框中输入7个“|”符号，并选择一个笔画较细的字体，如图4-63所示。

图 4-61　导入素材

图 4-62　素材导入成功

图 4-63　添加标记符号

步骤04 在播放器窗口中拖动文本框4个边角处的任意一个圆形控制点，放大文本框中的内容，如图4-64所示。使文本框中两侧的“|”符号与当前画面左右两侧对齐，如图4-65所示。

图 4-64　调整符号大小

图 4-65　调整符号大小和位置

步骤05 选中视频轨道中的视频素材。在属性调节区中的“画面”面板内打开“蒙版”面板，选择“镜面”选项，为视频画面添加镜面蒙版，如图4-66所示。

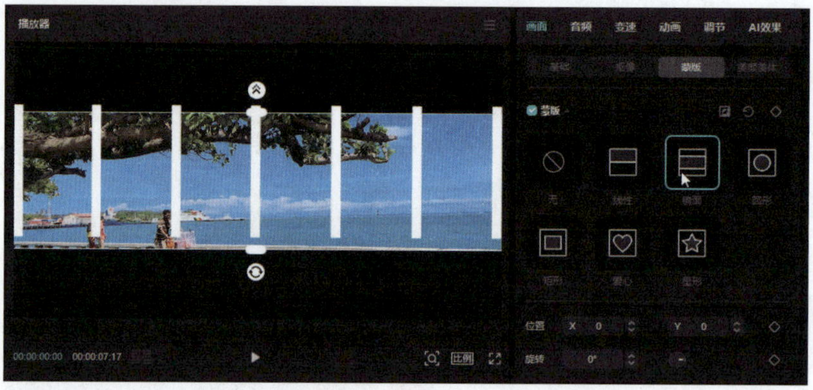

图 4-66　为视频添加蒙版

步骤06 在播放器窗口中拖动按钮，将蒙版旋转90°，如图4-67所示。

步骤07 拖动蒙版中的按钮，调整好蒙版的宽度，将蒙版向屏幕右侧拖动，以“|”符号作为参照物调整好蒙版位置，如图4-68所示。

图 4-67　调整蒙版大小

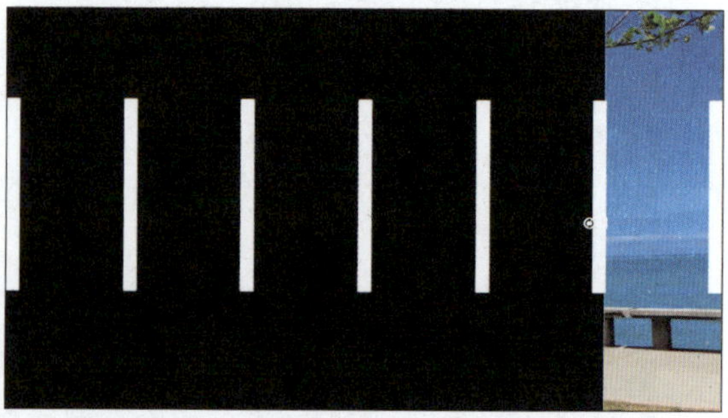

图 4-68　调整蒙版位置

步骤08 在时间线窗口中选择视频素材，先按Ctrl+C组合键，再按Ctrl+V组合键，在上方轨道中复制出一份视频素材，如图4-69所示。

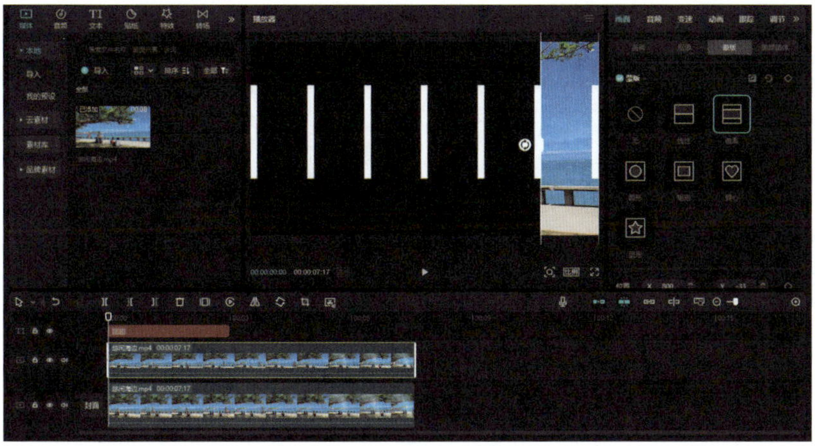

图 4-69　复制视频素材

步骤 09 保持上方轨道中被复制出来的视频素材为选中状态（且蒙版选项卡为打开状态），在播放器窗口中拖动画面，将蒙版位置向左拖动一格，如图4-70所示。

图 4-70　调整被放置的视频蒙版位置

步骤 10 参照前两个步骤，继续复制视频素材（再复制5份），如图4-71所示。并依次移动蒙版位置，制作出画面分割效果，如图4-72所示。最后在时间线窗口中将文本素材选中，按Delet键将其删除，清除画面上方的“|”标记，如图4-73所示。

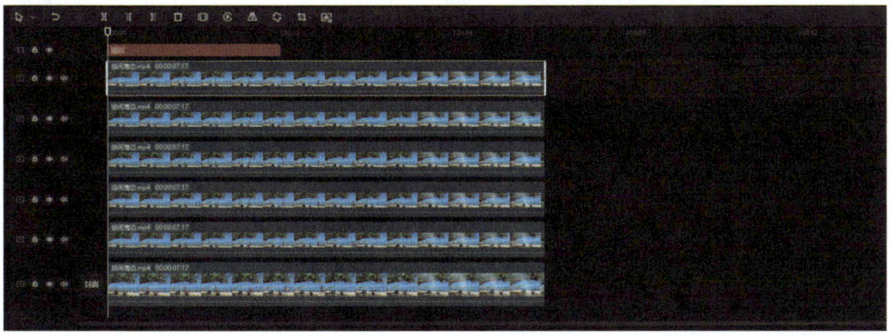

图 4-71　复制更多视频

图 4-72　调整所有视频蒙版位置

图 4-73　删除“|”标记

2. 制作第2组分割画面

本视频案例需要两组分割画面，第1组分割画面制作完成后，可以在该分割画面基础上替换视频，快速制作出第2组分割画面。下面介绍具体操作步骤。

步骤 01 在创作界面的顶部名称栏位置输入视频名称为“片头第1段素材”，随后单击界面右上角的“关闭”按钮，退出创作界面，如图4-74所示。

图 4-74　为素材命名并关闭创作界面

步骤 02 视频随即自动保存为草稿，在剪映开始界面中的“草稿”区内可以看到所有编辑过的视频草稿。将光标移动到“片头第1段素材”草稿上方，该草稿右下角随即显示按钮，单击该按钮，在展开的列表中选择“复制草稿”选项，如图4-75所示。

步骤 03 单击被复制出的草稿右下角的按钮，在展开的列表中选择“重命名”选项，如图4-76所示。

步骤 04 草稿名称随即变为可编辑状态，修改其名称为“片头第2段素材”，随后打开该草稿，如图4-77所示。

图 4-75　复制草稿

图 4-76　执行“重命名”命令

图 4-77　重命名草稿

步骤05 右击主轨道中的视频素材，在弹出的菜单中选择“替换片段”选项，如图4-78所示。

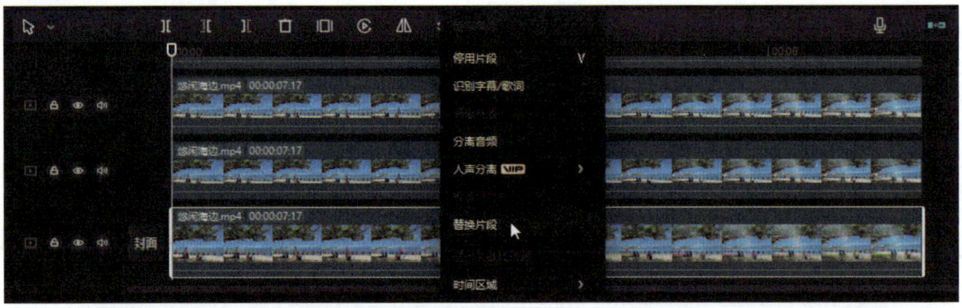

图 4-78　重命名草稿

步骤 06 弹出“请选择媒体资源”对话框，选择用于替换的视频素材，单击“打开”按钮，如图4-79所示。

步骤 07 打开“替换对话框”，单击“替换片段”按钮，如图4-80所示。

图 4-79　选择要替换为的素材

图 4-80　替换片段

步骤 08 主轨道中的视频素材随即被替换。在播放器窗口中可以看到，最右侧一栏的画面已经发生了变化，如图4-81所示。

图 4-81　完成素材替换

步骤09 参照上述步骤，继续替换轨道中的其他视频素材。替换完成后将该素材导出备用，如图4-82所示。

图 4-82 继续替换其他素材并导出视频

4.7.2 制作片头动画

分割画面后可为每一格画面添加从左向右逐格飞入的动态效果，从而增强视频的趣味性。

扫码观看视频

1. 根据背景音乐的节拍修剪视频素材

为了让视频画面卡上音乐的节拍，需要先导入背景音乐，根据音乐的节拍点来裁剪视频。

步骤01 在剪映中导入背景音乐素材，并将该素材添加到音频轨道中，如图4-83所示。

图 4-83 添加背景音乐

步骤02 保持音频素材为选中状态，在工具栏中单击“自动踩点”按钮，在展开的列表中选择“踩节拍II”，如图4-84所示。

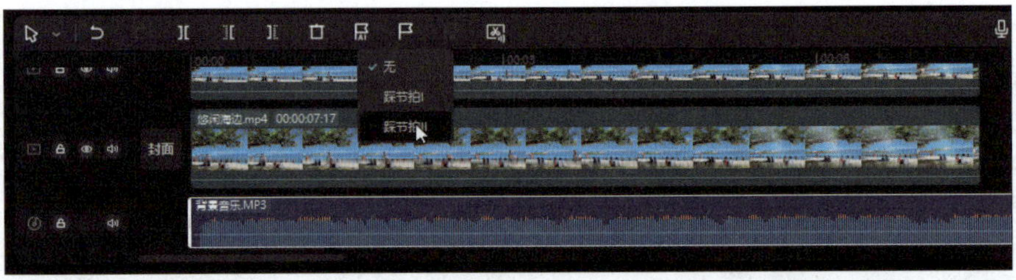

图 4-84 执行“自动踩点”命令

步骤03 音频素材上随即显示黄色的节拍点，将时间轴移动到第1个节拍点上方，单击“向左裁剪”按钮，将时间轴左侧的音频删除，如图4-85所示。

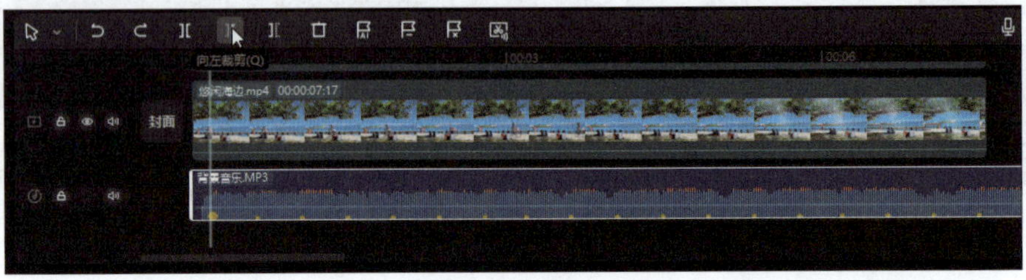

图 4-85 裁剪音频

步骤04 将裁剪后的音频素材向左拖动，使其开始位置与轨道的最左侧对齐，如图4-86所示。

图 4-86 调整音频开始位置

步骤05 将时间轴移动到第2个节拍点上方，选中第2层视频轨道中的视频素材（主轨道为第1层），单击“向左裁剪”按钮，将时间轴左侧的内容删除，如图4-87所示。

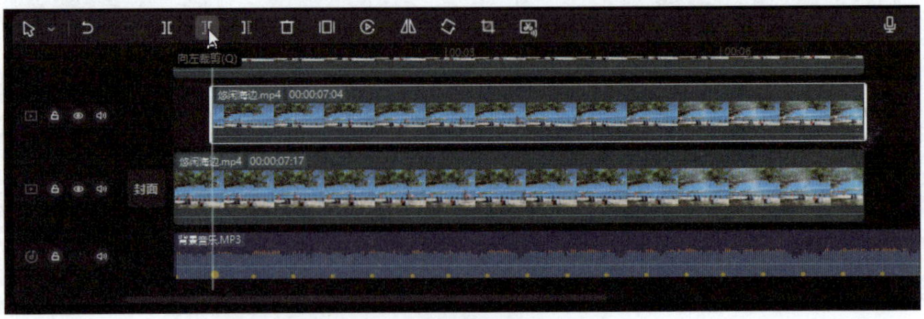

图 4-87 裁剪视频素材

步骤06 参照上述方法继续裁剪上方轨道中的视频，每个轨道中的裁剪位置相隔一个节拍点，如图4-88所示。

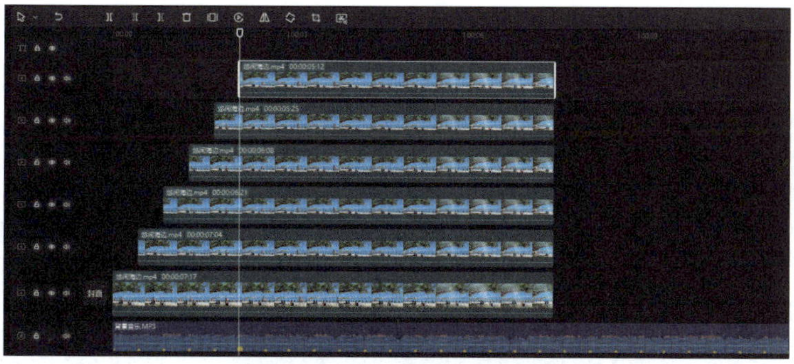

图 4-88　裁剪剩余轨道中的素材

步骤07 使用鼠标拖动的方式选中时间线中的所有视频素材，将时间轴移动到第14个节拍点上方，单击“向右裁剪”按钮，如图4-89所示。

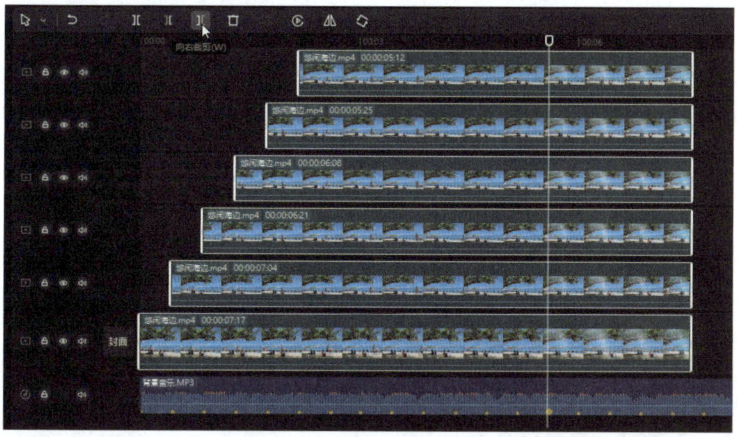

图 4-89　批量裁剪素材

步骤08 时间线右侧的视频素材随即被批量删除，如图4-90所示。

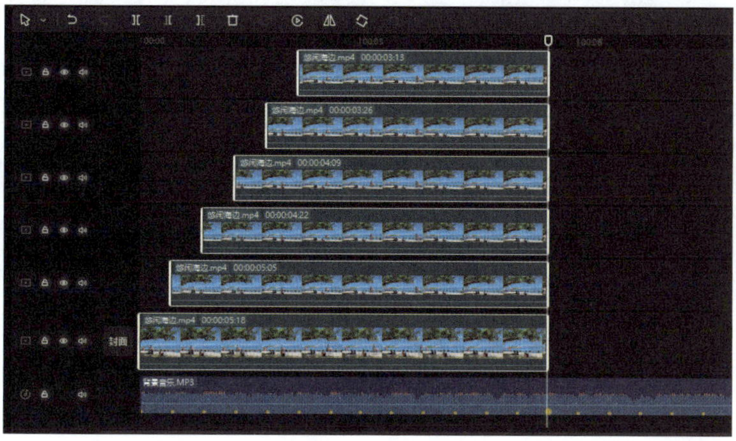

图 4-90　完成裁剪

2. 使用组合动画制作画面入场效果

使用组合动画中的“向右下降”，可以制作出每格画面从左向右快速飞入屏幕的动态效果。

步骤01 选中主轨道中的视频素材，在属性调节区中打开“动画”面板，切换到“组合”选项卡，选择“向右下降”动画，设置动画时长为“0.7s”，如图4-91所示。

图 4-91　为主轨道视频添加组合动画

步骤02 参照上一步骤，依次为剩余轨道中的视频素材添加“向右下降”组合动画，并设置相同的动画时长，如图4-92所示。

图 4-92　为剩余视频添加组合动画

3. 使用位置关键帧制作退场动画

为视频素材的位置添加关键帧，可以制作出每格画面快速向下滑出屏幕的动态效果。下面介绍具体操作步骤。

步骤01 将时间轴移动到音频素材的第8个节拍点上方，选中主轨道中的视频素材，在属性调节区中打开“画面”面板，在“基础”选项卡中的“位置”参数后单击关键帧按钮，此时位置的X和Y值默认为“0”，如图4-93所示。

图 4-93　为主轨道视频添加第 1 个关键帧

步骤02 将时间轴移动到第9个节拍点位置，再次为“位置”添加关键帧，并修改Y值为“-2160”，此时在播放器窗口中可以看到，最右侧一格画面已经被移动到了屏幕下方无法显示的位置，如图4-94所示。

图 4-94　为主轨道视频添加第二个关键帧

步骤03 保持时间轴位置不变，选择第2层视频频道中的视频素材，在“画面”面板中为“位置”添加关键帧，如图4-95所示。

图 4-95 为第 2 层轨道中的视频添加第 1 个关键帧

步骤04 将时间轴向右移动一个节拍点，为“位置”添加关键帧，修改Y值为“-2160”，如图4-96所示。

图 4-96 为第 2 层轨道中的视频添加第 2 个关键帧

步骤05 参照上述步骤，继续为剩余视频添加位置关键帧，如图4-97所示。每段视频素材中左侧关键帧的X和Y值均为默认的“0”；右侧关键帧的X值为“0”，Y值为“-2160”，关键帧与音频节拍点的参照位置如图4-98所示。

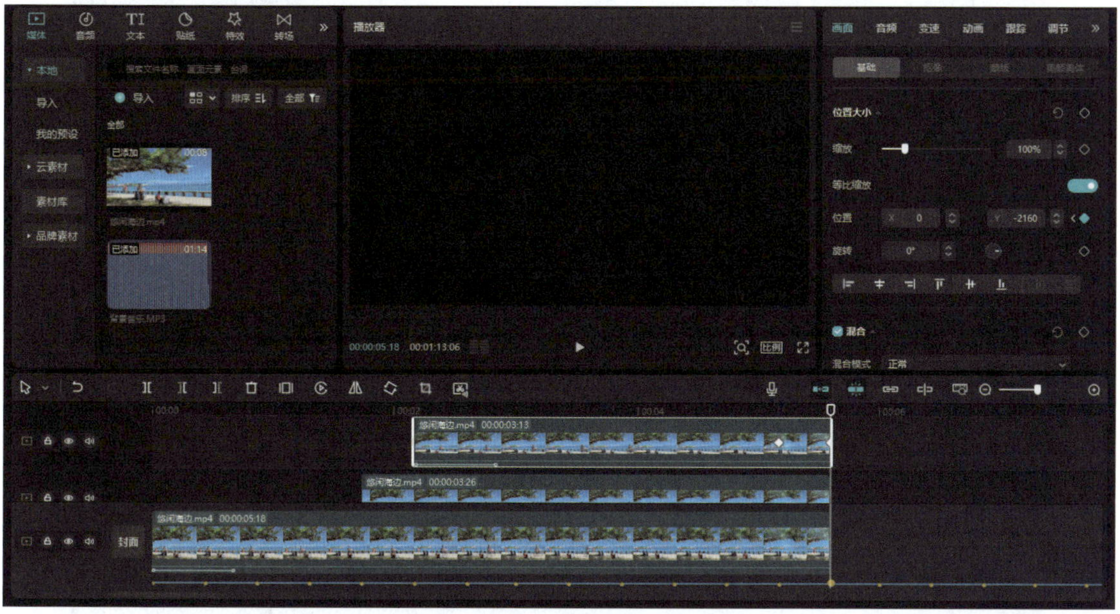

图 4-97　为其他视频添加关键帧

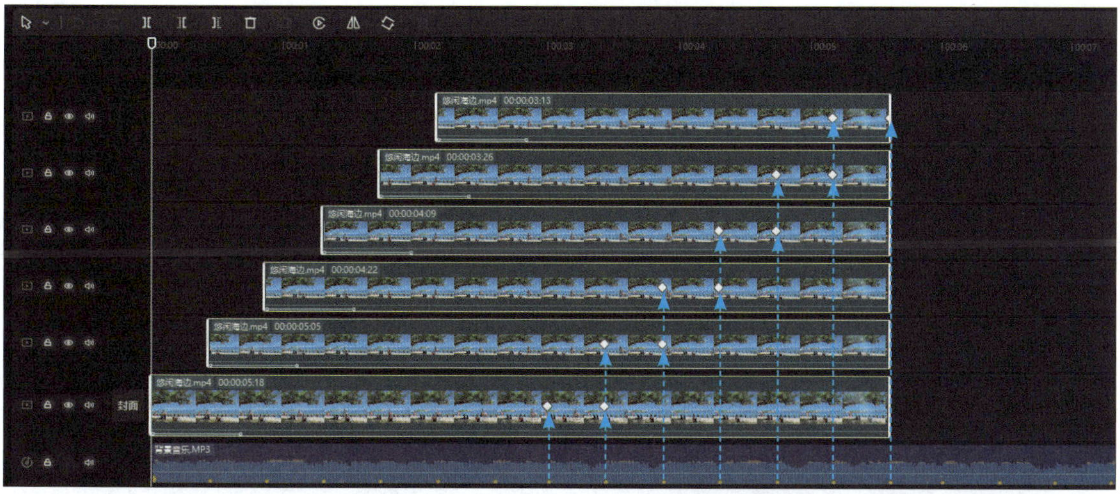

图 4-98　查看所有轨道中关键帧的添加位置

4. 设置第2段片头素材

将第2段画面分割素材放置于第1段画面分割素材的下方，可以制作出层次丰富的画面切换效果。本例之前的步骤中已经将第2段片头素材制作好并已导出。

步骤01 先将“片头第2段素材”视频素材导入剪映，并将其添加到主轨道中，如图4-99所示。

步骤02 在工具栏中单击■按钮，关闭主轴磁吸，如图4-100所示。

图 4-99　添加片头第 2 段素材

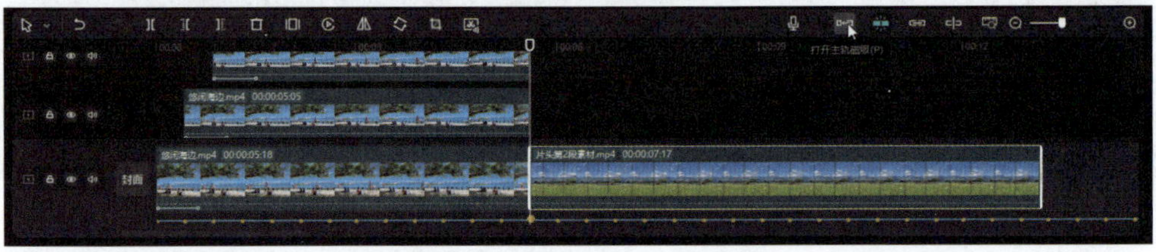

图 4-100　关闭主轴磁吸

步骤 03 使用鼠标拖动的方式，选中第1段片头素材的6个视频，向上方拖动，整体向上移动一个轨道的位置，如图4-101所示。

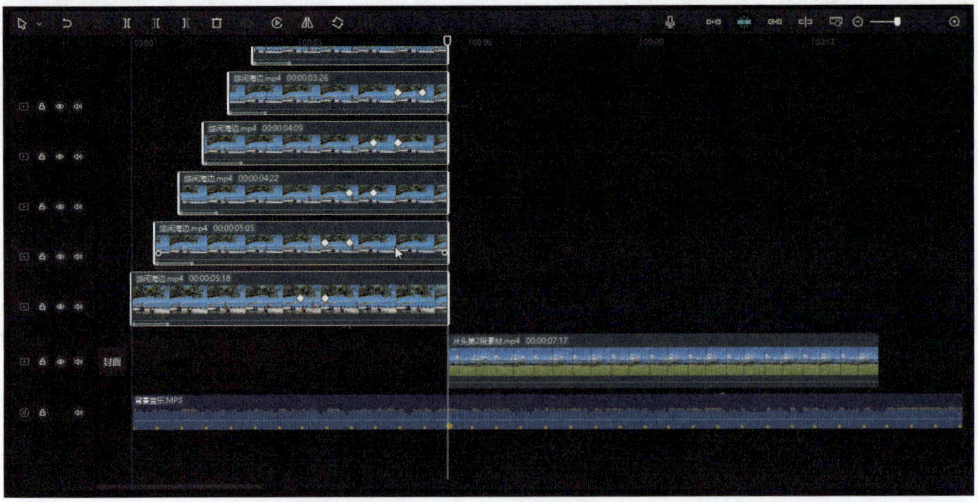

图 4-101　整体移动第 1 段片头素材所处轨道位置

步骤 04 将时间轴移动至音频素材的第8个节拍点的位置，将第2段片头素材向左拖动，使其开始位置与时间轴对齐，如图4-102所示。

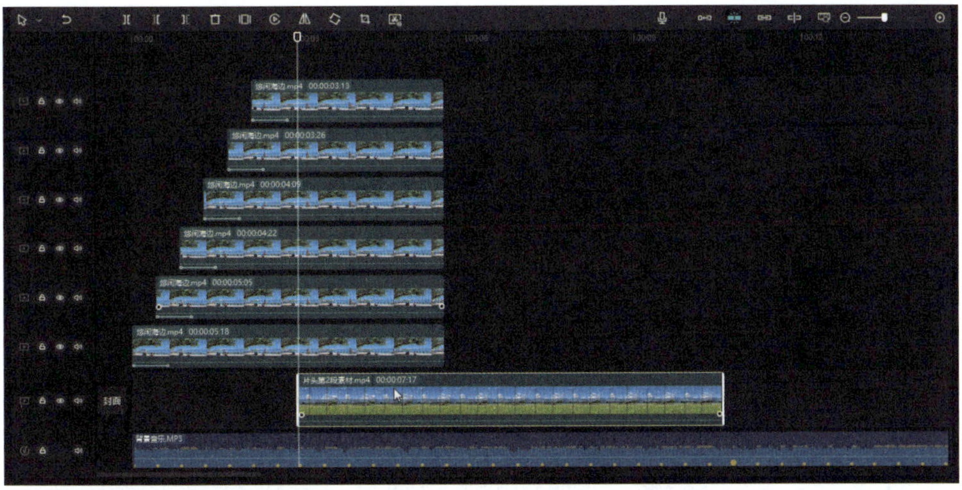

图 4-102　调整第 2 段片头素材的开始位置

步骤 05 保持第2段片头素材为选中状态，将时间轴移动到音频素材的第17个节拍点上方，单击“向右裁剪”按钮，删除时间轴右侧的视频内容，如图4-103所示。

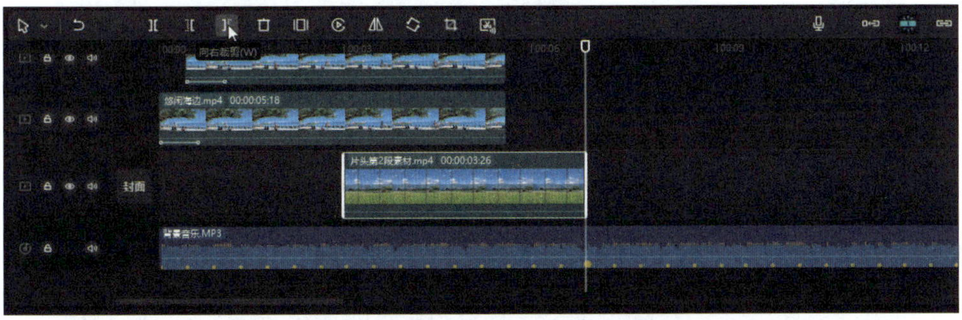

图 4-103　设置第 2 段片头素材的时长

步骤 06 在属性调节区中打开“动画”面板，切换到“组合”选项卡，选择“百叶窗II”动画，将“动画时长”左侧的滑块向右拖动，调整动画时长为“1.2s”，如图4-104所示。

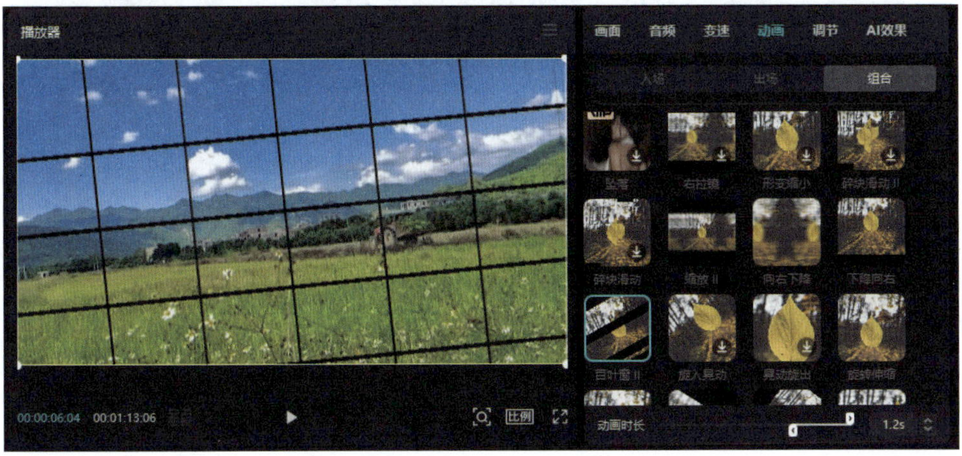

图 4-104　为第 2 段片头素材添加组合动画

■4.7.3 音画协调优化

本视频案例片头部分的制作过程相对复杂，在片头制作完成后，便可以批量导入视频素材，并对素材进行卡点、添加转场、添加音效等操作，这些操作较为简单。

扫码观看视频

1. 添加剩余视频素材并卡点

接下来，可以将剩余的视频素材批量导入，调整好播放顺序，对时长进行裁剪。

步骤01 将剩余素材批量导入剪映，先将名称为“水稻”的视频素材添加到主轨道中，如图4-105所示。

图 4-105 添加新素材

步骤02 将第1段和第2段片头素材整体向上移动一个轨道的位置，如图4-106所示。

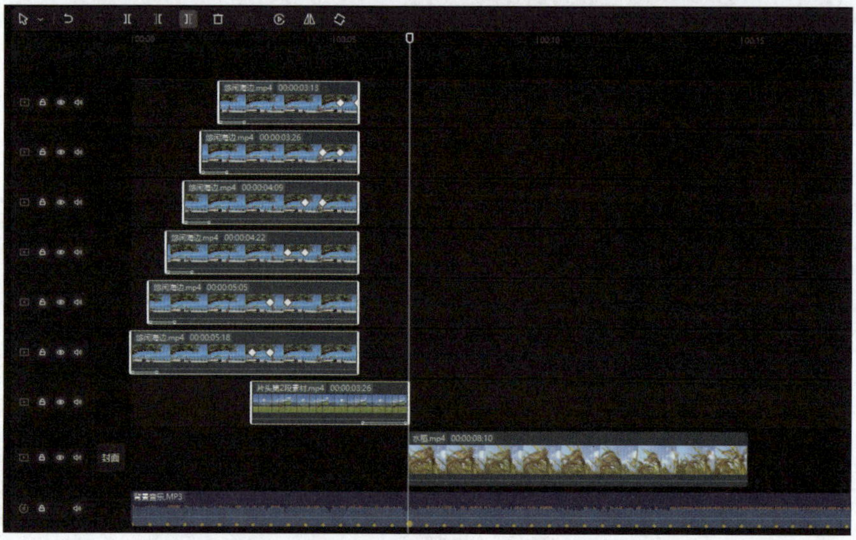

图 4-106 调整素材两段片头素材所处轨道

步骤03 将时间轴移动至音频素材上的第14个节拍点，将“水稻”视频素材向左拖动，使其开始位置与时间轴对齐，如图4-107所示。

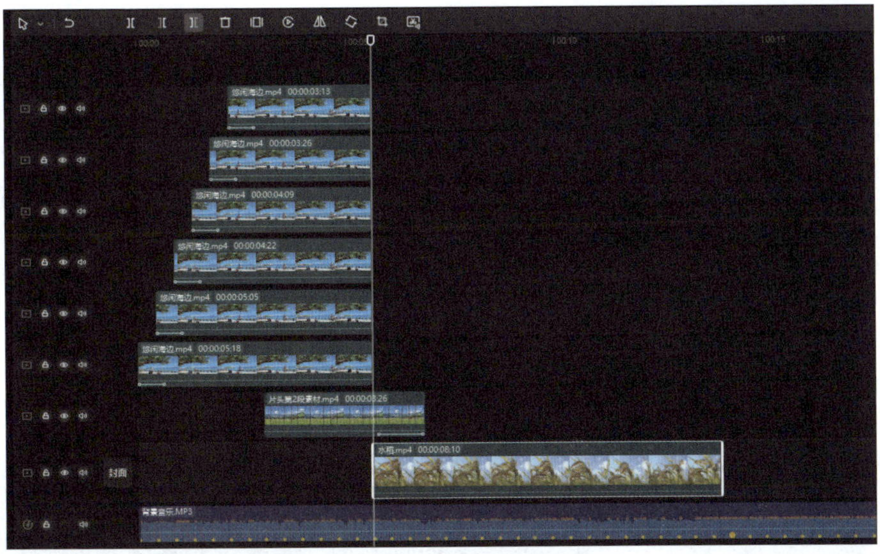

图 4-107　调整新素材的开始位置

步骤 04 裁剪“水稻”视频素材的时长，使其总时长占8个音频节拍点，如图4-108所示。

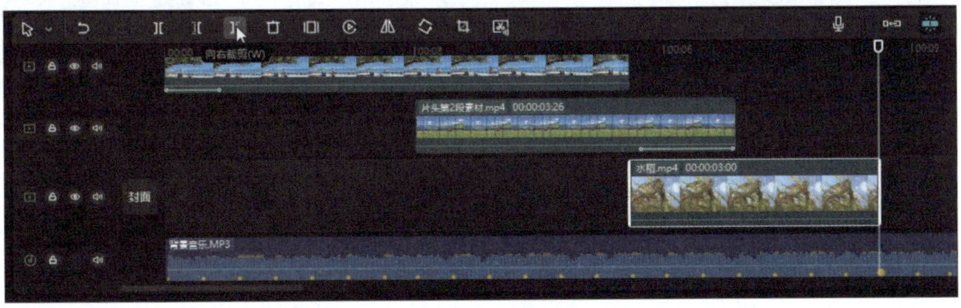

图 4-108　设置新素材的时长

步骤 05 随后依次将剩余视频素材全部添加到主轨道中，并根据自己的剪辑思路调整视频素材的播放顺序，如图4-109所示。

图 4-109　添加剩余素材并调整播放顺序

步骤06 裁剪视频素材，使每段视频素材的时长均占4个音频节拍点，如图4-110所示。

图 4-110 调整剩余每段素材的时长

步骤07 裁剪音频素材，使其结束位置与最后一段视频素材的结束位置对齐。随后为背景音乐添加淡入、淡出效果，淡入、淡出时长均调到最大，为“10.0s”，如图4-111所示。

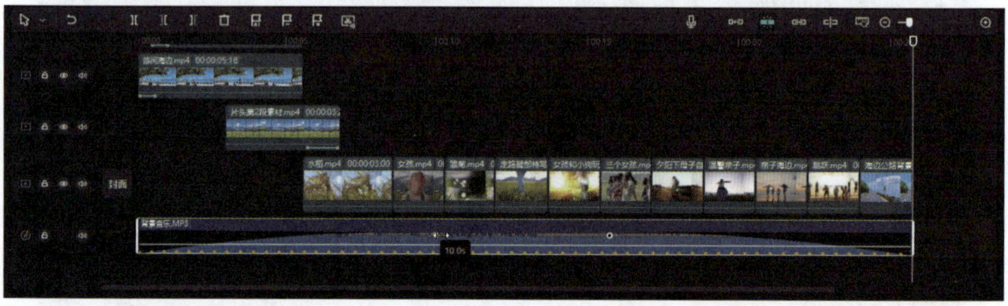

图 4-111 裁剪背景音乐并设置淡入、淡出效果

2. 添加音效

音效的加持可以增加真实感、节奏感，使视频的整体效果更生动。下面为视频添加剪映内置的音效。

步骤01 将时间轴移动到轨道的最左侧，在媒体素材区中打开“音频”面板，在上方搜索框中输入“综艺转场音”，按Enter键，搜索到符合条件的音效，此处添加“综艺转场音 呼”，如图4-112所示。

图 4-112 添加片头音效

步骤02 对音效素材进行裁剪，只保留有声音的部分，随后复制出5份音效，依次放置于两个音乐节拍之间，如图4-113所示。

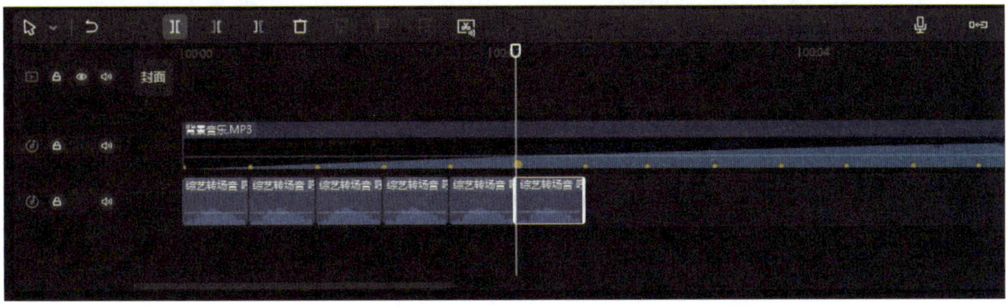

图 4-113　复制片头音效

步骤03 将时间轴移动到第8个音乐节拍点上，在“音频”面板中搜索“掉落”音效，并添加“开心消消乐掉落的音效素材”音效，如图4-114所示。

图 4-114　添加转场音效

步骤04 分割该音效，并调整好其位置，这里需要6段音效，分割后缺少一段，可以从分割后的5段音效中复制一份，如图4-115所示。

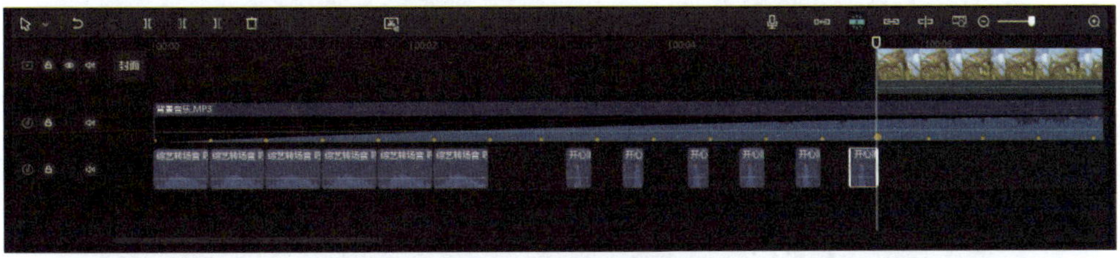

图 4-115　分割音效

步骤05 将时间轴移动到“水稻”视频素材开始位置所对应的音乐节拍点上，添加“转动齿轮的声音”音效，如图4-116所示。

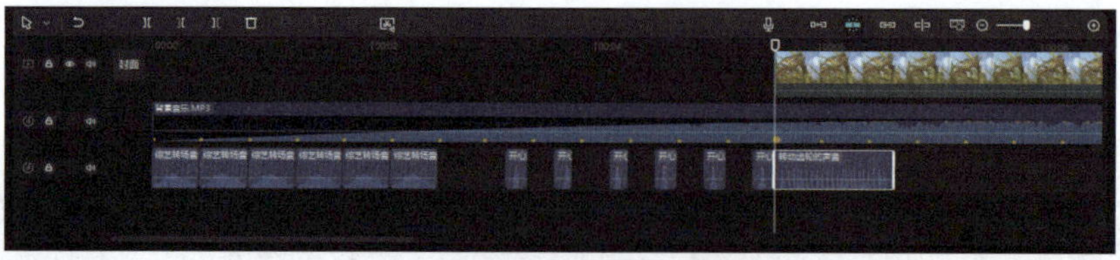

图 4-116　添加转场音效

3. 添加转场

使用“推进”转场效果，可以增强视频的动感，让整个视频的效果更有张力，很适合节奏感较强的卡点视频。

步骤 01 将时间轴移动到主轨道中的前两段视频素材之间，在媒体素材区中打开“转场”面板，选择“运镜”分类，随后添加“推进”转场效果，如图4-117所示。

图 4-117　添加“推进”转场效果

步骤 02 在属性调节区中的“转场”面板内设置“时长”为“0.8s”，随后单击“应用全部”按钮，为主轨道中的所有视频添加相同转场效果，如图4-118所示。用户还可以为视频添加一些字幕，进一步完善视频。

图 4-118　将转场效果应用到全部视频片段

步骤03 生活记录短视频制作完成后，预览视频，查看制作效果，如图4-119所示。

图 4-119 预览视频

微信扫码
AI短视频剪辑师
配套伴学资源
拍摄技巧分享
剪辑指导精讲

模块 5

剪映的核心工具

内容概要

熟练掌握剪映中一些核心工具的使用方法，可以让用户更加高效地完成视频剪辑和特效制作工作，提高视频的质量和观赏度。这些核心工具包括抠图、蒙版、动画、关键帧等。本模块将对这些工具的应用进行详细介绍。

数字资源

【本模块素材】:“素材文件\模块5”目录下

5.1 抠图

剪映的抠图工具可以快速地去除背景，并且有多种抠图方式可供选择，包括色度抠图、自定义抠像和智能抠像等。这些工具可以帮助用户快速地将人物或物体从背景中分离出来，为后续的合成和特效制作提供方便。

5.1.1 色度抠图

色度抠图通过分析视频画面的颜色信息，并根据颜色相似度进行分割和抠出，适合处理背景颜色较为单一或与主体颜色差异较大的视频，常用于绿幕抠图以及背景替换等。下面使用色度抠图功能制作透过窗户看外面风景的效果。

在剪映中导入并向轨道中添加两段素材，将绿幕视频拖动到上方轨道中显示，选中上方轨道中的绿幕素材。在“画面”面板中打开“抠像”选项卡，勾选“色度抠图”复选框，随后单击“取色器”按钮，如图5-1所示。

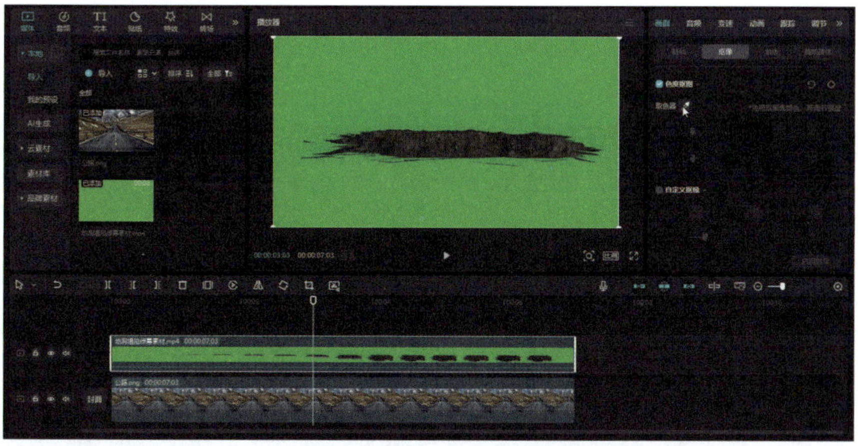

图 5-1 执行“色度抠图”命令

将光标移动到播放器窗口中，在画面中的绿色背景上单击，吸取要去除的颜色，如图5-2所示。

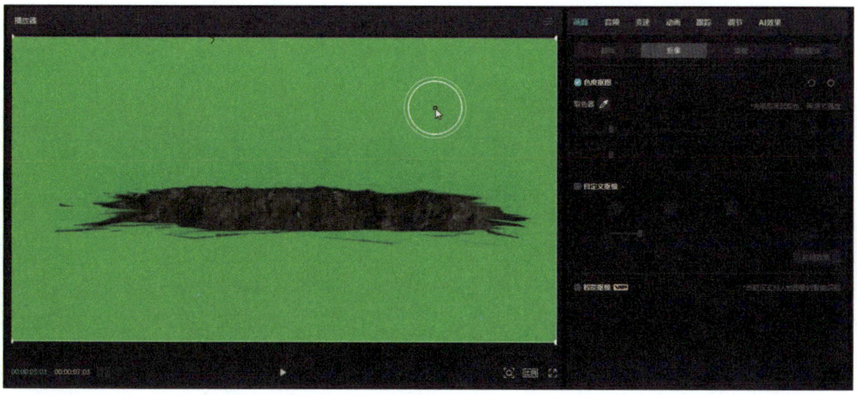

图 5-2 吸取要抠除的颜色

拖动“强度”滑块，同时观察播放器中的视频画面，根据画面中绿色背景的抠除情况设置参数值，如图5-3所示。

图 5-3　调整抠除强度

完成抠图后调整好“地洞塌陷”素材的大小和位置，使其与下方轨道中的视频画面完美融合，如图5-4所示。

图 5-4　调整素材大小和位置

完成抠图并将抠图素材融入背景，制作出路面塌陷出一个大洞的效果，如图5-5所示。

图 5-5　抠图效果

■5.1.2 自定义抠像

自定义抠像功能是一种手动选择视频中特定物体成区域的技术，只要用画笔工具在物体上简单涂抹，就能快速智能抠出该物体。下面介绍自定义抠像的具体操作方法。

在剪映中导入需要抠图的视频素材，并添加到轨道中。选中素材，在属性调节区中打开“画面”面板，切换到“抠像”选项卡，勾选“自定义抠像”复选框，随后单击“智能画笔”按钮，如图5-6所示。

图 5-6 执行“自定义抠像”命令

将光标移动至播放器窗口中，按住鼠标左键在需要保留的物体上进行涂抹，系统会根据涂抹的范围自动识别要抠出的主体，如图5-7所示。

图 5-7 涂抹要保留的主体

剪映随即自动识别主体，并进行抠像处理。识别完成后，单击“应用效果”按钮，如图5-8所示。

图 5-8　应用抠图效果

播放器窗口中随即会显示抠图效果，如图5-9所示。抠出的图像可以与其他素材进行拼接，合成需要的效果。

图 5-9　预览抠图效果

5.2　蒙版

剪映的蒙版工具可以让用户在视频或图片上创建一个渐变遮罩，从而让视频或图片的某些区域变得透明或半透明。用户可以通过调整蒙版的起始点、终止点和颜色等属性来进一步调整视频，以达到更好的视觉效果。

5.2.1　蒙版的类型

在剪映中，蒙版的类型包括线性、镜面、圆形、矩形、爱心以及星形六种。不同类型的蒙版有着不同的作用和功能，用户可以根据自己的需求选择合适的蒙版形式。在功能区中的“画面”面板中打开“蒙版”选项卡，就可以使用这些蒙版，如图5-10所示。六种蒙版的基础应用效果如图5-11所示。

图 5-10　蒙版的六种类型

线性

镜面

圆形

矩形

爱心

星形

图 5-11 六种蒙版的应用效果

■5.2.2 添加蒙版

添加蒙版的方法非常简单，在剪映中导入两段视频素材，将需要在底层显示的视频添加到主轨道，将需要在上层显示并要添加蒙版的视频添加到上方轨道，并将两段视频裁剪为相同长度，如图5-12所示。

图 5-12 添加素材

选择上方轨道中的视频素材，在属性调节区中的“画面”面板中打开“蒙版”选项卡，单击“线性”按钮，所选视频素材即可应用该蒙版，如图5-13所示。

图 5-13　添加线性蒙版

■5.2.3　反转蒙版

反转蒙版可以将蒙版的遮罩效果反转，使原本被遮罩隐藏的部分显示出来，而原本显示的部分则被隐藏。为视频添加蒙版后，在“蒙版”选项卡中单击“反转”按钮，即可将蒙版反转，如图5-14所示。

图 5-14　反转蒙版

■5.2.4　编辑蒙版

添加蒙版后可以对蒙版的大小、位置、旋转角度等进行设置，以达到理想的效果。不同类型的蒙版，编辑的方法略有不同，下面以线性蒙版为例进行介绍。

在播放器窗口中拖动线性蒙版的白色线条（或在“蒙版”选项卡中设置“位置”参数）可以调整蒙版遮罩的区域，以便显示更多或更少画面，如图5-15所示。

图 5-15　调整蒙版位置

在播放器窗口中拖动图标（或在“蒙版”面板中设置“旋转”参数）可以将蒙版旋转一定角度，如图5-16所示。

图 5-16　旋转蒙版

■5.2.5　蒙版羽化

为蒙版设置羽化效果可以让蒙版边缘逐渐模糊淡出，避免了突兀的画面衔接，使画面过渡更加柔和、自然。

添加蒙版后，在播放器窗口中拖动按钮（或在“蒙版”面板中设置“羽化”参数）即可设置羽化效果，如图5-17所示。

图 5-17　设置蒙版羽化

■5.2.6　用蒙版合成草原星空效果

蒙版功能常被用来合成画面。下面用蒙版合成草原星空效果。在剪映中导入两段视频素材，将“星空”移动到上方轨道中显示，如图5-18所示。

图 5-18　添加素材

选择上方轨道中的视频片段，在“画面”面板中打开“蒙版”选项卡，单击“线性”按钮，添加线性蒙版，如图5-19所示。

在播放器窗口中拖动蒙版中的横线，将星空画面调整至与下方图片中的山峰位置相接，如图5-20所示。

适当旋转蒙版，向上拖动羽化图标，适当增加羽化，使画面相接处看起来自然即可，如图5-21所示。

图 5-19　添加“线性”蒙版

图 5-20　调整蒙版位置

图 5-21　旋转蒙版并添加羽化

选择主轨道中的视频素材，在属性调节区中打开“调节”面板，在“基础”选项卡中设置高光、阴影、白色参数均为“-50”，使视频画面变暗，与星空更匹配，如图5-22所示。

图 5-22　设置草原视频效果

制作完成后预览视频，查看草原星空的合成效果，如图5-23所示。

图 5-23　预览视频

5.3　动画

剪映的动画工具可以让用户为视频添加各种动态效果，包括入场动画和转场动画等。这些动画效果可以吸引观众的注意力，提高视频的观赏度。用户可以通过选择不同的动画样式和参数来制作出适合自己的动画效果。

5.3.1　动画的类型

使用剪映的动画功能，可以快速优化视频的整体节奏，提升视频的观赏性和吸引力。剪映中的动画功能主要包括以下几种类型。

- **入场动画：** 让视频或文字更顺滑地进入。

- **出场动画：**让视频或文字更顺滑地淡出。
- **组合动画：**同时应用入场和出场动画，实现更丰富的效果。

在剪映中选择某种素材后，属性调节区中随即会出现“动画”面板，在该面板中包含了“入场”“出场”“组合”三个选项卡，用户可以在该面板中添加所需要的动画效果，如图5-24所示。

图 5-24　动画面板

■5.3.2　为文字添加动画

剪映可以为视频中的文字添加动画，从而制作出动态字幕的效果。动态的字幕形式更容易吸引观众的注意力，从而增强视频的观赏性。下面介绍动态字幕的制作方法。

在时间线窗口中选择文本轨道中的文本素材，打开“动画”面板，在“入场”选项卡中选择“放大”选项，为该字幕添加入场动画，如图5-25所示。

图 5-25　添加“放大”入场动画

随后拖动该选项卡下方的“动画时长”滑块，设置动画的时长为“2.0s”，从而延长动画的播放时间，如图5-26所示。

图 5-26　设置动画时长

文字的入场动画设置完成后，预览视频，查看为字幕添加动画的效果，如图5-27所示。

图 5-27　预览文字动画效果

■5.3.3　为视频添加动画

为视频添加动画可以制作出各种有创意的转场效果。下面介绍如何使用“渐隐”和“渐显”动画制作出丝滑的无缝转场效果。

在剪映中导入两段视频，并将视频添加到轨道中。将第2段视频拖动到上方轨道中，使其开始位置与主轨道中的视频结束前1s的位置对齐，如图5-28所示。

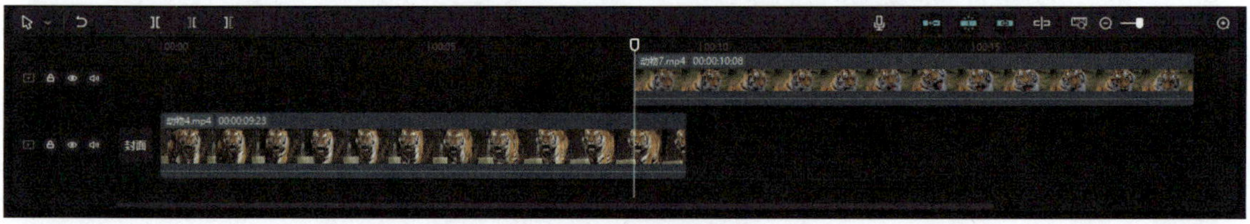

图 5-28　添加视频素材

选中主轨道中的视频，在功能区中打开“动画”面板，切换到“出场”选项卡，选择“渐隐”动画，设置动画时长为“1.0s”，如图5-29所示。

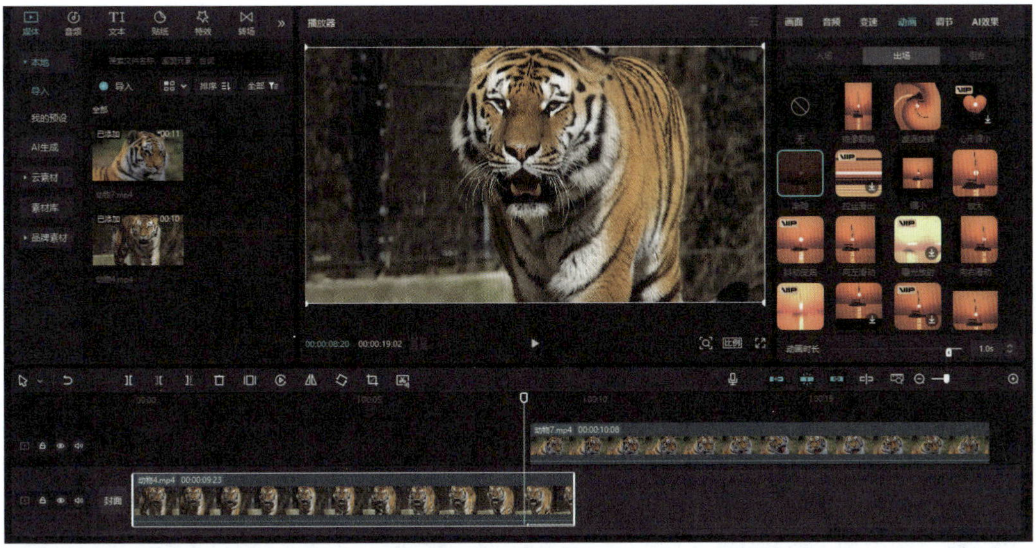

图 5-29　添加出场动画

选择上方轨道中的视频，打开“动画”面板，在“入场”选项卡中选择“渐显”动画，设置动画时长为“1.0s”，如图5-30所示。

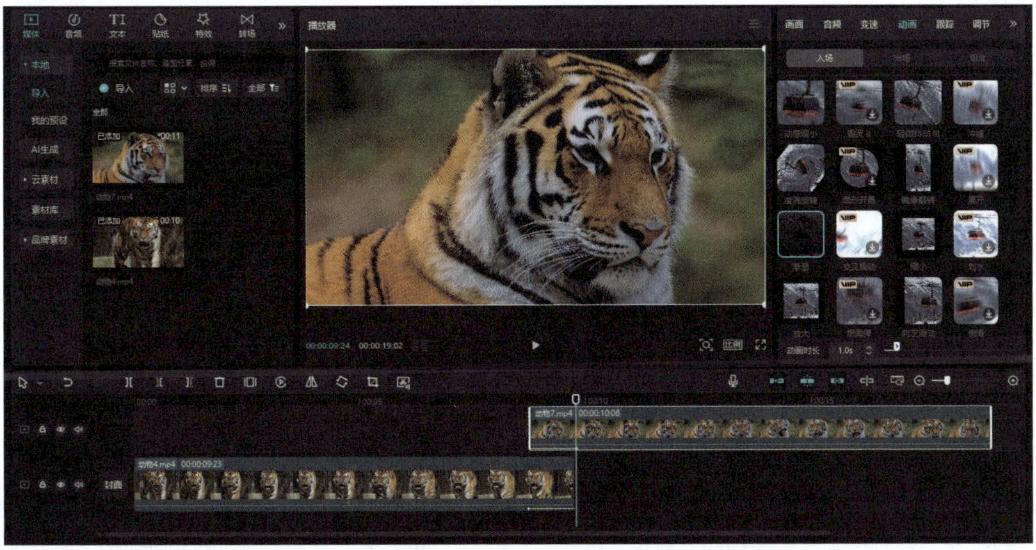

图 5-30　添加入场动画

视频的动画效果添加完成后，预览视频，查看使用动画设置转场的效果，如图5-31所示。

图 5-31　预览视频效果

■5.3.4　为贴纸素材添加动画

为贴纸添加动画可以增加视频的趣味性、视觉冲击力和艺术感染力，让视频更加生动、有趣和吸引人。

在主轨道中添加一段视频素材，随后在媒体素材区中的“贴纸”面板内搜索“端午”贴纸素材，添加一个合适的文字贴纸，调整好贴纸的大小、位置以及时长，如图5-32所示。

图 5-32　添加文字贴纸

随后继续添加一位老婆婆包粽子的贴纸，在工具栏中单击“镜像”按钮，将贴纸水平反转，调整好贴纸的大小、位置以及时长，如图5-33所示。

图 5-33　添加贴纸并设置镜像效果

在轨道中选择“端午”文字贴纸，在属性调节区中打开“动画”面板，在“入场”选项卡中选择“缩小”动画，设置动画时长为“1.0s”，如图5-34所示。

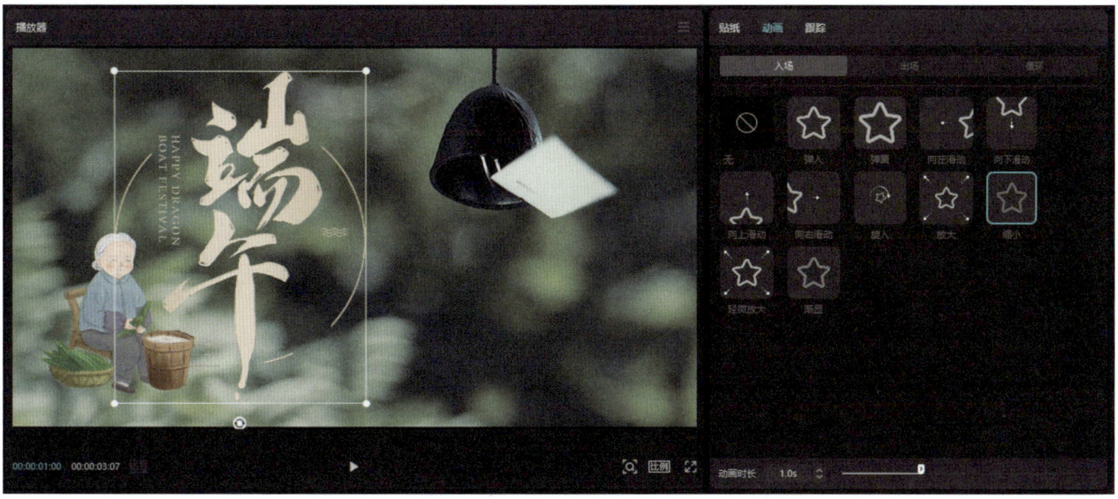

图 5-34 为文字贴纸添加动画

选择老婆婆包粽子的贴纸素材，再次打开“动画”面板，同样设置入场动画为“缩小”，动画时长为“1.0s”，如图5-35所示。

图 5-35 为第 2 个贴纸添加入场动画

为贴纸添加完动画之后，预览视频，查看视频播放效果，如图5-36所示。

图 5-36 预览视频效果

5.4 关键帧

关键帧是动画制作中一个非常重要的工具，在视频中设置关键帧，可以实现动画效果的平滑过渡。用户还可以为音频、文本、贴纸等素材添加关键帧，以实现各种动态效果。

5.4.1 关键帧的用途

关键帧在视频剪辑中有着十分重要的作用，其用途也非常广泛。关键帧可以制作过渡自然的动画效果，可以控制运动轨迹、调节音频和音效、实现特殊效果等。关键帧的常见作用介绍如下。

1. 创建动画效果

关键帧是动画制作中不可或缺的一部分。通过设置关键帧，可以记录动画中角色或物体的位置、大小、旋转等参数，并在不同的时间点上实现平滑的过渡效果，从而创建出生动、流畅的动画效果。

2. 调整音频和音效

关键帧还可以用于调整音频和音效。例如，在制作一个音频与视频同步的动画时，可以通过在不同的关键帧上设置不同的音量参数，实现音量的渐变效果。

3. 控制运动轨迹

关键帧可以用于控制运动轨迹。通过在不同关键帧上设置不同的位置、大小、旋转等参数，可以控制对象的运动轨迹。例如，在制作一个球体滚动的动画时，可以通过在不同的关键帧上设置球体的位置参数，控制其运动轨迹。

4. 实现特殊效果

通过使用不同的关键帧，可以实现一些特殊的效果。例如，通过使用形状关键帧和路径关键帧，可以制作一些特殊的动画效果。

5.4.2 添加关键帧

在剪映中，用户可以为所选素材的不同参数添加关键帧来实现动画效果，在功能区中的各类参数右侧可以看到有一些显示◇按钮，该按钮即为关键帧按钮，如图5-37和图5-38所示。

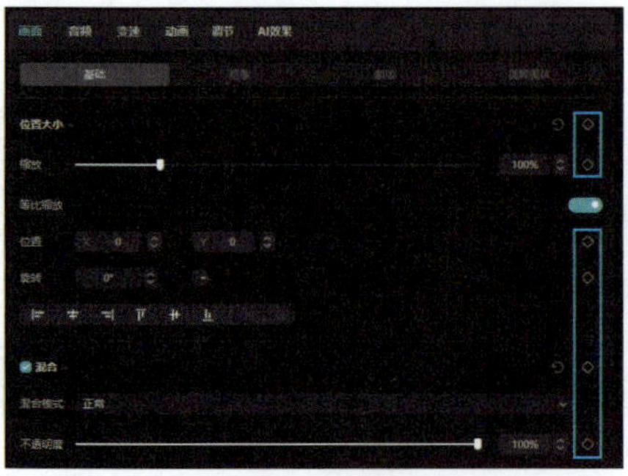

图 5-37 各项参数的关键帧按钮 1

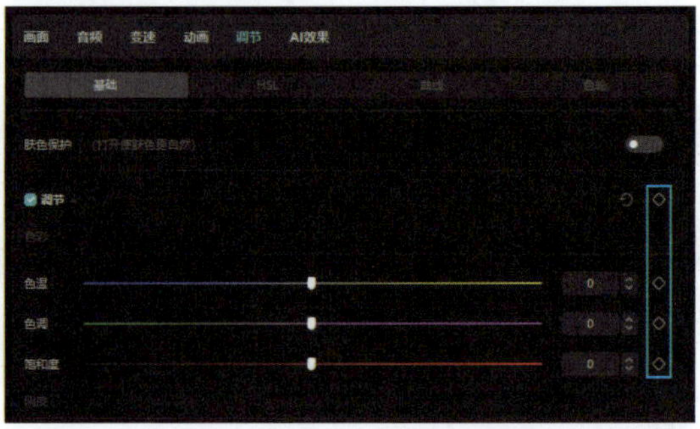

图 5-38 各项参数的关键帧按钮 2

■5.4.3 静态图变动态视频

为图片添加关键帧可以制作出很多有创意的视频效果。下面介绍如何通过为图片添加关键帧，制作出动态视频的效果。

将图片导入剪映，并将图片添加到视频轨道中，在轨道中拖动图片素材右侧边缘位置，根据需要设置素材的时长，此处将时长设置为12 s，如图5-39所示。

图 5-39 添加图片并设置时长

保持图片素材为选中状态，将时间轴移动到素材的最左侧，在属性调节区中的“画面”面板中打开“基础”选项卡，依次单击“缩放”和“位置”右侧的关键帧按钮，为这两项参数添加关键帧。随后适当增大缩放值，并移动画面的位置，如图5-40所示。

图 5-40 添加起始关键帧并设置参数

将时间轴移动到图片素材的结束位置，在“画面”面板中的“基础”选项内再次为“缩放”和“位置”添加关键帧，并将缩放值设置为“100%”，将位置的X与Y值设置为“0”，如图5-41所示。

图 5-41　添加结束关键帧并设置参数

添加关键帧，并设置好参数后，预览视频，查看图片变为动态视频的效果，如图5-42所示。

图 5-42　预览视频

■5.4.4　制作创意转场效果

为蒙版添加关键帧可以制作出自然的转场效果。

向剪映中导入两段视频素材并将素材添加至轨道中，将“海鸥”视频拖动到上方轨道，使两段视频有部分重叠。保持上方轨道中的视频素材为选中状态，将时间轴移动到该视频的开始位置，如图5-43所示。

图 5-43　添加素材

在功能区中的“画面”面板中打开“蒙版”选项卡，单击“镜面”按钮，为所选视频添加相应蒙版，如图5-44所示。

图 5-44　添加“镜面”蒙版

在“蒙版”选项卡中单击“旋转”和“大小”右侧的关键帧按钮，为这两项参数添加关键帧，随后将蒙版旋转90°，将蒙版的宽度调整至最小，如图5-45所示。

图 5-45　为“旋转”和“大小”添加关键帧并设置参数

将时间轴向右移动约1 s的时长，在“蒙版”选项卡中为“旋转”和“大小”参数添加关键帧，并设置旋转值为“45°”，如图5-46所示。

图 5-46　旋转蒙版并添加关键帧

在播放器窗口中拖动图标，调整蒙版宽度，使下方轨道中的视频画面完全显示，如图5-47所示。

图 5-47　调整蒙版宽度

为蒙版添加关键帧后，预览视频，查看转场效果，如图5-48所示。

图 5-48　预览视频

5.5 案例实战：制作横屏滚动电子相册

与传统的实体相册相比，电子相册在制作和分享上更为方便。用户可以使用视频剪辑软件将照片、视频等素材轻松整合，并通过简单的编辑和设计，生成独具特色的电子相册。电子相册可以轻松地分享到各种社交媒体平台，让更多人欣赏。本案例详细介绍横屏滚动电子相册的制作方法。

■5.5.1 制作第1组滚动照片

本例将由3组滚动的照片构成，每组包含5张照片，每组照片的滚动方向不同。下面将介绍第1组滚动照片的制作方法。

扫码观看视频

步骤01 启动剪映，在创作界面中的媒体素材区中打开“媒体”面板，在“素材库”界面中添加“白场”素材，如图5-49所示。

图 5-49 添加白色背景

步骤02 在“媒体”面板中切换到“本地”界面，单击“导入”按钮，如图5-50所示。在随后打开的对话框中选择用于制作电子相册的所有素材，将这些素材批量导入剪映。

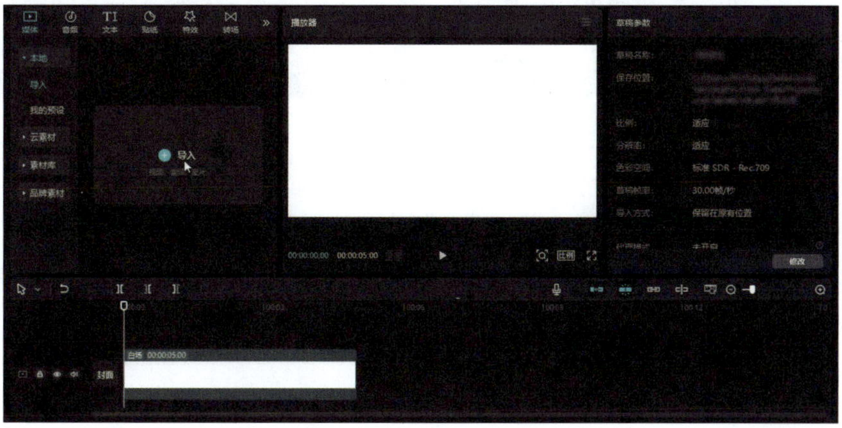

图 5-50 选择要导入的素材

步骤03 依次将用于制作第1组滚动照片的5个素材添加到主轨道中，如图5-51所示。

图 5-51 导入素材

步骤04 观察每段素材，可以发现有些素材的画面比例与默认的视频不匹配，此时需要对素材的比例进行裁剪。选中需要裁剪比例的素材，在工具栏中单击“裁剪比例”按钮，如图5-52所示。

图 5-52 裁剪视频比例

步骤05 随即弹出“裁剪比例”对话框，单击“自由”按钮，在展开的列表中选择“16：9”选项，如图5-53所示。

步骤06 裁剪比例框随即变为相应的比例，用户可以根据需要缩放或移动裁剪比例框，选择要保留的画面，此处不做任何设置，直接单击“确定”按钮，完成视频比例的设置，如图5-54所示。

图 5-53　选择视频比例

图 5-54　完成裁剪

步骤07 将主轨道中的5段电子相册素材依次拖动到上方轨道中，每个素材占一个轨道，所有素材的开始位置均与轨道的最左侧对齐，如图5-55所示。

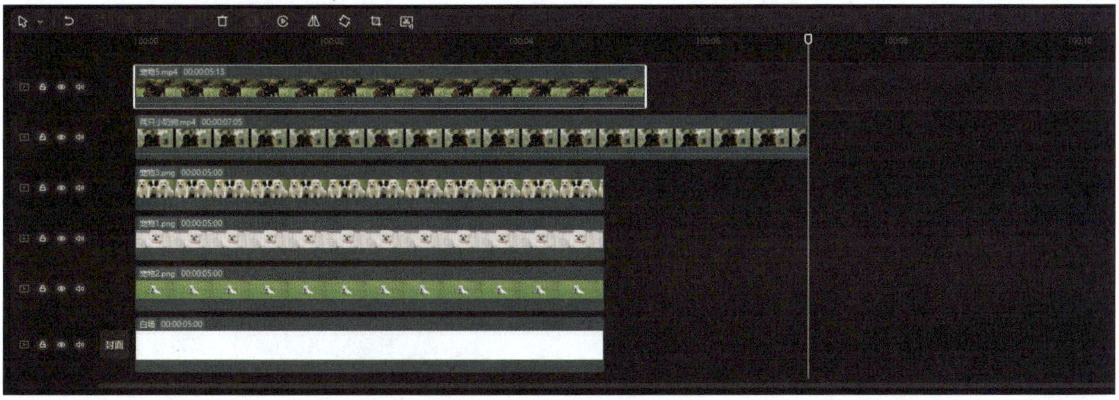

图 5-55　调整素材所在轨道

步骤08 用于制作电子相册的素材中包括图片素材和视频素材。图片素材的默认时长为5 s，拖动图片素材右侧边缘位置，将所有图片素材的时长均设置为10 s（包括主轨道中的白场素材），如图5-56所示。

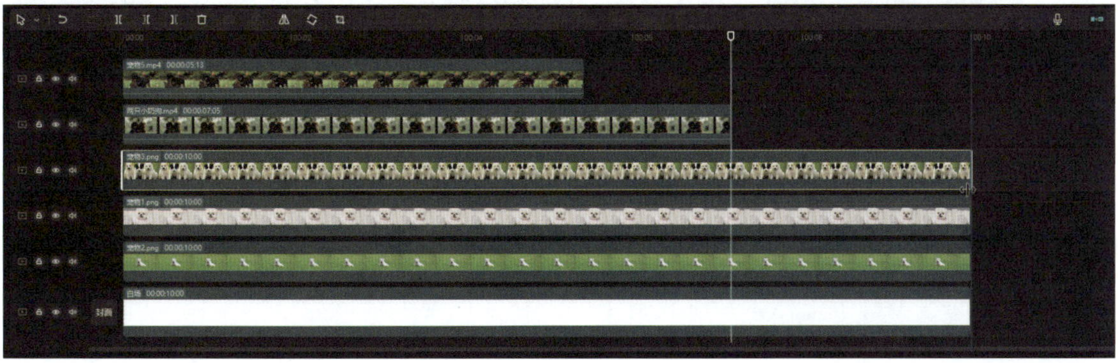

图 5-56　设置图片素材时长

步骤 09 视频素材无法通过鼠标拖动直接增加时长，需要通过变速（放慢速度）来延长其总时长。在时间线窗口中选择视频素材，在属性调节区中打开“变速”面板。在“常规变速”选项卡中设置时长为“10s”，此时视频会根据所设置的时长自动调节变速的倍数，如图5-57所示。

图 5-57　设置视频素材时长

步骤 10 使用上述方法继续将剩余视频素材的总时长设置为10 s，如图5-58所示。

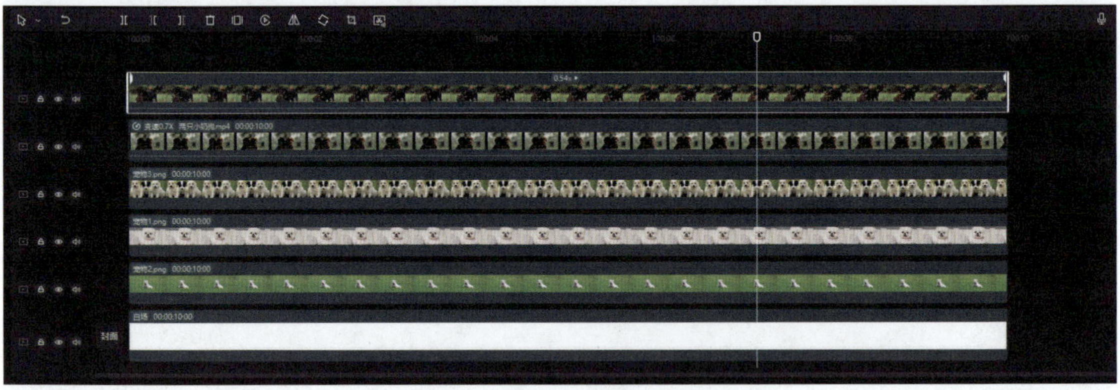

图 5-58　设置剩余视频素材时长

步骤 11 选中最上方轨道中的素材，在属性调节区中打开“画面”面板，在“基础”选项卡中设置“缩放”值为“19%”，如图5-59所示。

步骤 12 将缩放的画面拖动到最左侧，其位置的*X*值为“-1555”，*Y*值为“0”，如图5-60所示。

步骤 13 在时间线窗口中选择下一个轨道中的素材，设置缩放值为“19%”，位置的*X*值为“-782”，*Y*值为“0”。缩小画面比例，将其移动到第1个缩放画面的右侧合适位置，如图5-61所示。

图 5-59 调整画面比例

图 5-60 调整画面位置

图 5-61 调整下层轨道中素材的画面位置

步骤14 参照上述步骤，继续设置剩余轨道中素材的缩放比例和位置（白场素材不设置），设置完成后的效果如图5-62所示。

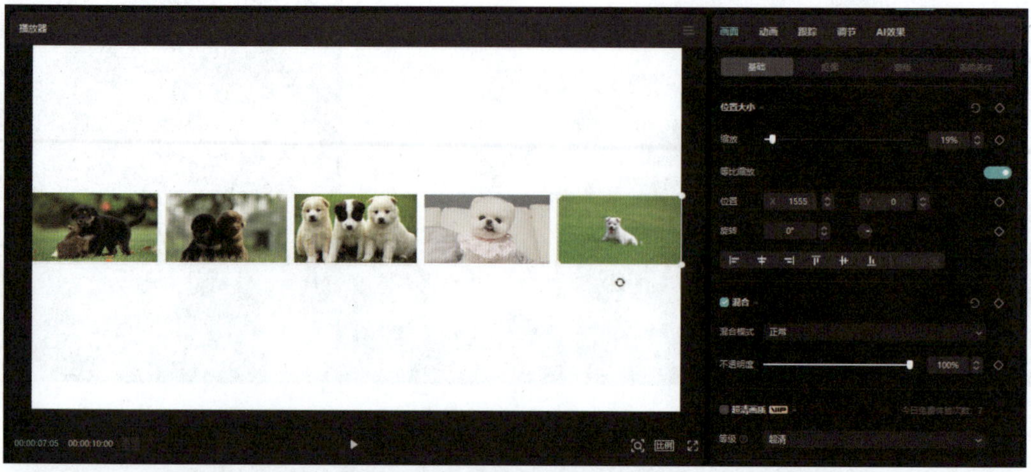

图 5-62　调整剩余素材的大小和位置

步骤15 在时间线窗口中拖动鼠标批量选中5个电子相册素材，如图5-63所示。

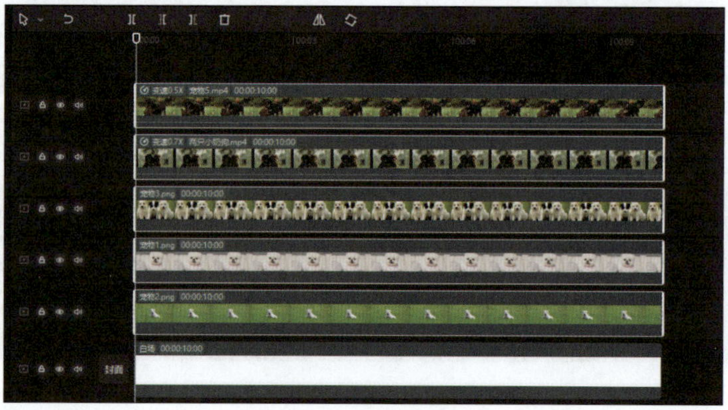

图 5-63　批量选择素材

步骤16 鼠标右键单击所选素材，在弹出的菜单中选择“新建复合片段”选项，如图5-64所示。

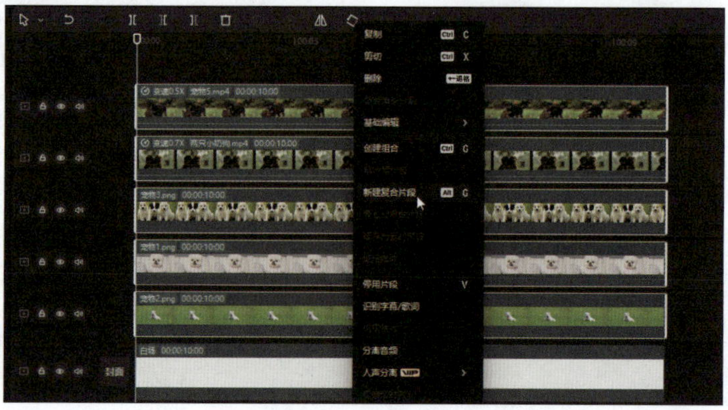

图 5-64　执行“新建复合片段”操作

步骤17 所选多个轨道中的素材随即被创建为一个复合片段，如图5-65所示。

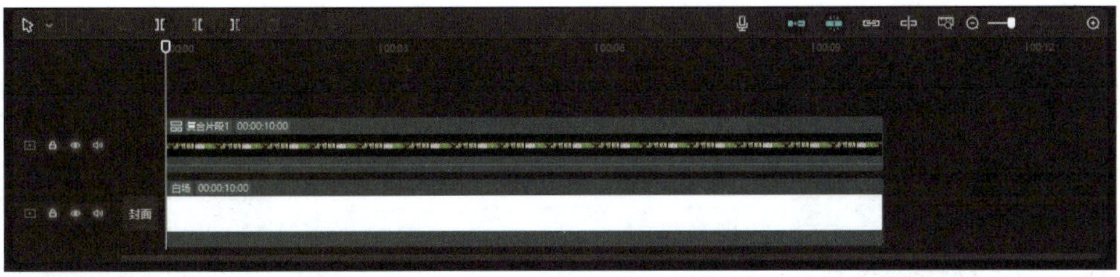

图 5-65 完成复合片段的创建

步骤18 保持轨道中的“复合片段1”为选中状态，在属性调节区中打开“画面”面板，在“基础”选项卡中设置“缩放”值为“165%”，将复合片段中的所有画面整体适当放大，如图5-66所示。

图 5-66 缩放复合片段

步骤19 将时间轴移动到“复合片段1”的起始位置，设置“位置”的X值为“1280”，Y值为“0”。单击“位置”参数右侧的“关键帧”按钮，如图5-67所示。

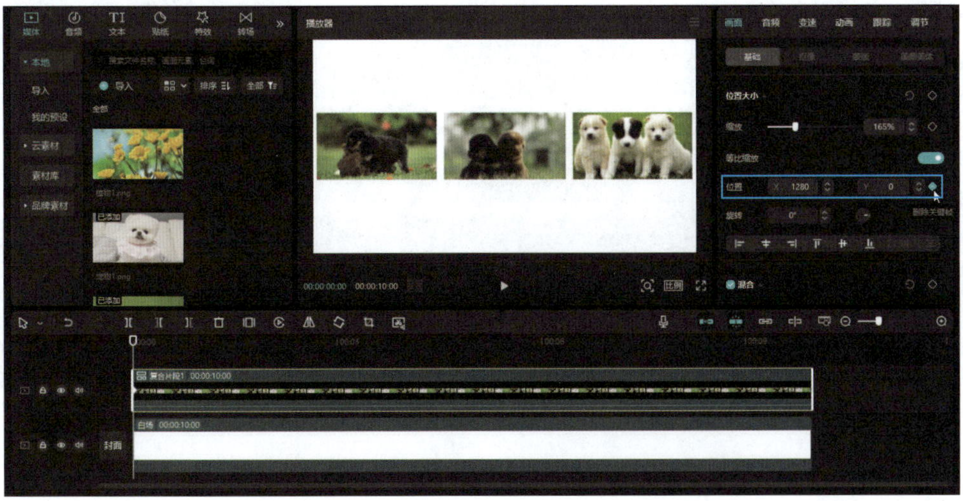

图 5-67 设置开始滚动位置并添加关键帧

步骤20 将时间轴移动到“复合片段1”的结束位置，设置“位置”的X值为“-1290”，Y值为“0”，并为“位置”添加关键帧，如图5-68所示。

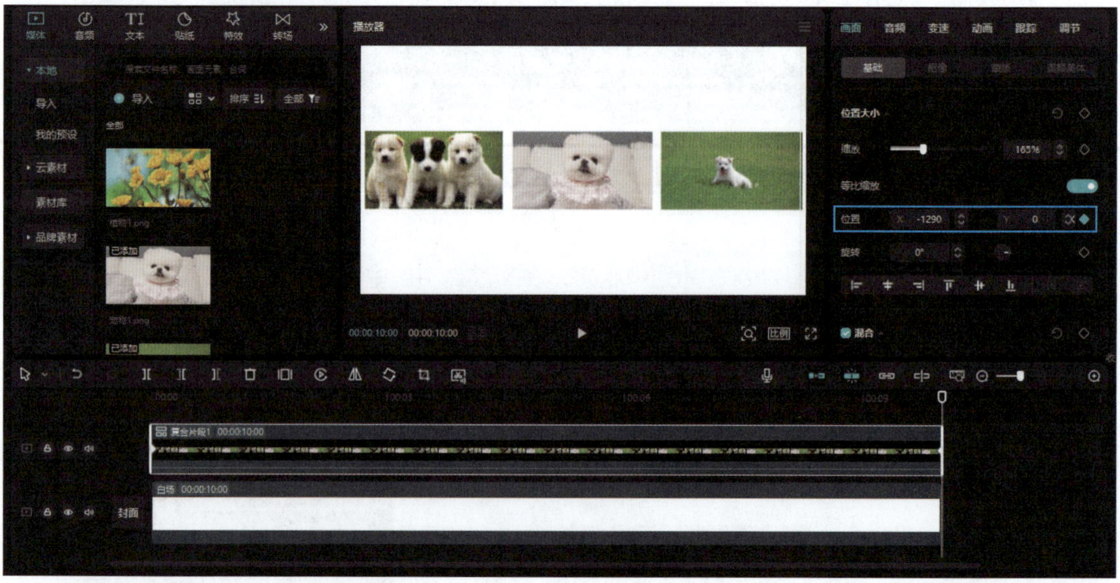

图 5-68 设置结束滚动位置并添加关键帧

5.5.2 制作第2组滚动照片

第2组滚动照片的位置位于整个画面的顶部，在播放时，其运动方向与第1组（画面中间的那一组）照片的运动方向相反。

扫码观看视频

步骤01 在轨道中继续添加5个素材，将这些素材移动到不同轨道中，每个素材的开始位置均与轨道最左侧对齐，设置素材的时长均为10 s，如图5-69所示。

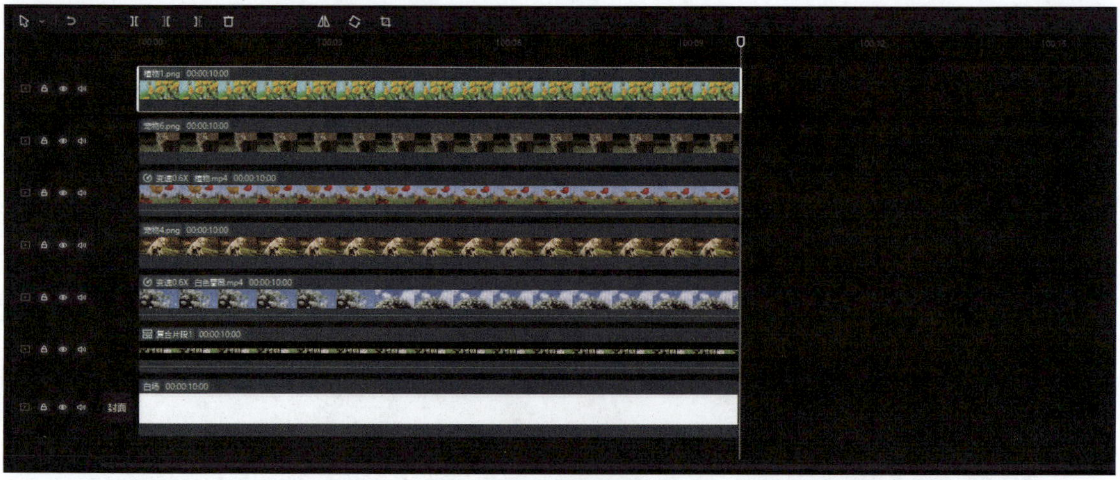

图 5-69 整理素材

步骤02 在时间线窗口中批量选中新添加的5段素材，在“媒体”素材区中打开“画面”面板，在“基础”选项卡中设置“缩放”值为“19%”，将所选素材的画面全部缩放，如图5-70所示。

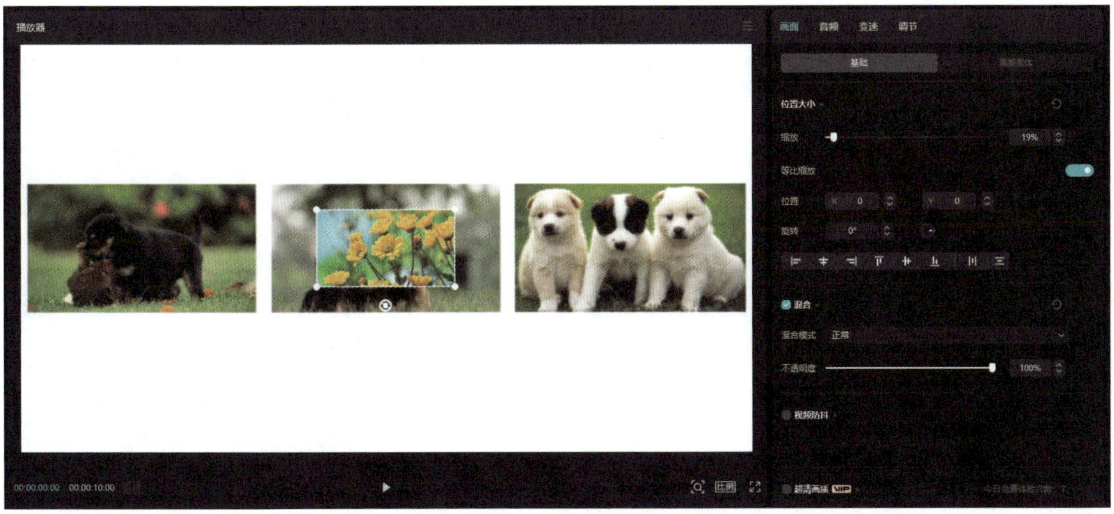

图 5-70 缩放素材

步骤03 参照第1组照片的方法，调整好5段素材的画面位置，如图5-71所示。

图 5-71 调整素材的画面位置

步骤04 在时间线窗口中将后来添加的5段素材创建为复合片段，该复合片段的默认名称为“复合片段2”，如图5-72所示。

图 5-72 创建复合片段 2

步骤05 在“画面”面板中设置“复合片段2”的缩放值为“165%”，如图5-73所示。

图 5-73 放大复合片段 2

步骤06 保持“复合片段2”为选中状态，将时间轴移动到该复合片段的开始位置，在“画面”面板中的“基础”选项卡内设置“位置”的X值为“-1290”，Y值为“702”，为“位置”添加关键帧，如图5-74所示。

图 5-74 设置起始滚动位置并添加关键帧

步骤07 将时间轴移动到“复合片段2”的结束位置，设置“位置”的X值为“1286”，Y值为“720”，添加“位置”关键帧，如图5-75所示。

图 5-75　设置结束滚动位置并添加关键帧

■5.5.3　制作第3组滚动照片

第3组照片位于画面的下方，滚动方向与第2组照片一致，制作方法与前两组照片基本相同。下面介绍其主要操作步骤。

扫码观看视频

步骤01 参照第1组和第2组照片的制作方法，添加5段素材，设置好素材的时长（10 s）、缩放值（19%），以及每个画面的位置，并创建为复合片段，如图5-76所示。

图 5-76　添加素材并设置缩放比例和位置

步骤02 选择“复合片段3”，将时间轴移动到该素材的开始位置，在“画面”面板中的“基础”选项卡内设置“缩放”值为“165%”，设置“位置”的X值为“-1285”，Y值为“-702”，为“位置”添加关键帧，如图5-77所示。

图 5-77 设置起始滚动位置并添加关键帧

步骤03 将时间轴移动到“复合片段3”的结束位置，设置“位置”的X值为“1290”，Y值为“-702”，为“位置”添加关键帧，如图5-78所示。

图 5-78 设置结束滚动位置并添加关键帧

5.5.4 为电子相册添加特效

3组滚动照片制作完成后，可以为电子相册添加特效，使电子相册的播放效果更精彩。

扫码观看视频

步骤01 将时间轴移动至轨道的最左侧，在媒体素材区中打开“特效”面板，在“画面特效”组中选择“分屏”分类，添加“九屏跑马灯”特效，如图5-79所示。

图 5-79 添加“九屏跑马灯”特效

步骤02 将时间轴移动到00:00:01:15时间点，在工具栏中单击“向右裁剪”按钮，设置特效时长，如图5-80所示。

图 5-80 调整特效时长

步骤03 保持时间轴位置不变，在媒体素材区中打开“文本”面板，添加“默认文本”素材，如图5-81所示。

步骤04 调整文本素材时长，使其结束位置在00:00:05:00时间点。在属性调节区中打开“文本”面板，在“基础”选项卡中的文本框内输入文本内容，如图5-82所示。

步骤05 保持默认文本素材为选中状态，打开“动画”面板，切换到“循环”选项卡，选择“环绕”动画，如图5-83所示。

图 5-81　添加默认文本素材

图 5-82　输入文本内容

图 5-83　为文本添加循环动画

步骤06 将时间轴移动到默认文本素材的开始位置，在属性调节区中打开“文本”面板，在“基础”选项卡中将“缩放”值设置为“1%”，并为“缩放”添加关键帧，如图5-84所示。

图 5-84 将文字缩放到最小并添加关键帧

步骤07 将时间轴移动到00:00:02:05时间点，修改“缩放”值为“130%”，并为“缩放”添加关键帧，如图5-85所示。

图 5-85 适当放大文字并添加关键帧

步骤 08 将时间轴移动至00:00:04:15时间点，为“缩放”值添加关键帧，如图5-86所示。

图 5-86 添加位置关键帧

步骤 09 将时间轴移动到文本素材的结束位置，设置“缩放”值为“1%”，并为“缩放”添加关键帧，如图5-87所示。

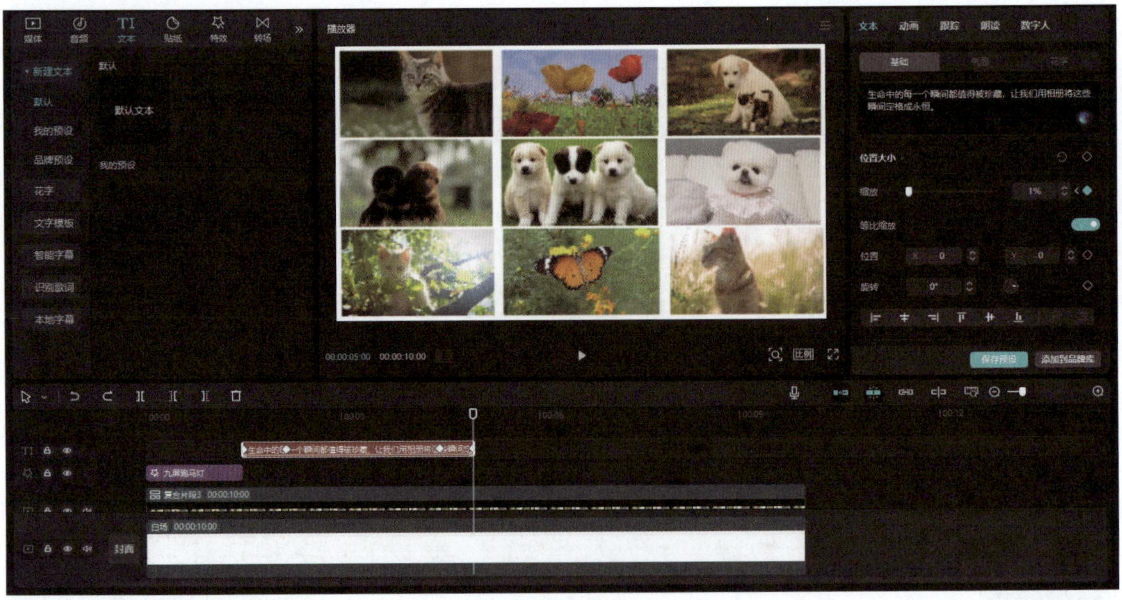

图 5-87 将文字缩放至最小并添加位置关键帧

步骤10 保持时间轴位置不变，在媒体素材区中打开“特效”面板，在“画面特效”组中选择“边框”分类，添加“美漫”特效，如图5-88所示。

图 5-88　添加“美漫”特效

步骤11 拖动“美漫”特效右侧边缘，使其结束位置与下方复合片段的结束位置对齐，如图5-89所示。

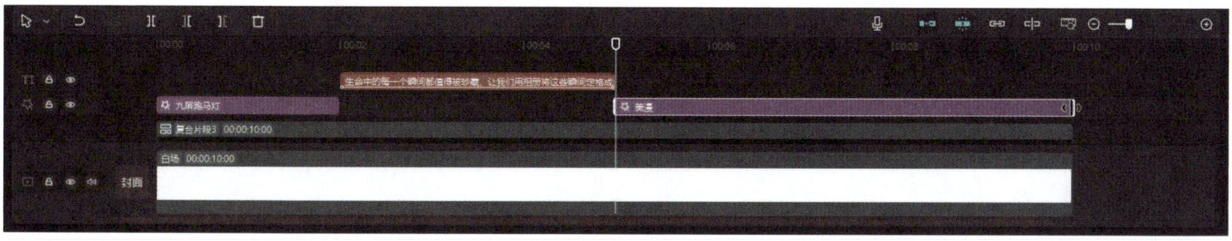

图 5-89　设置特效时长

步骤12 添加背景音乐素材，裁剪音乐时长，并为背景音乐设置淡出效果，如图5-90所示。

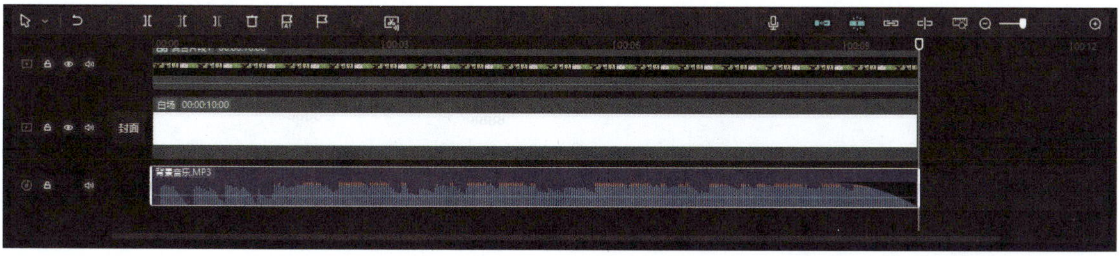

图 5-90　添加背景音乐

步骤 13 预览视频，查看横屏滚动电子相册的播放效果，如图5-91所示。

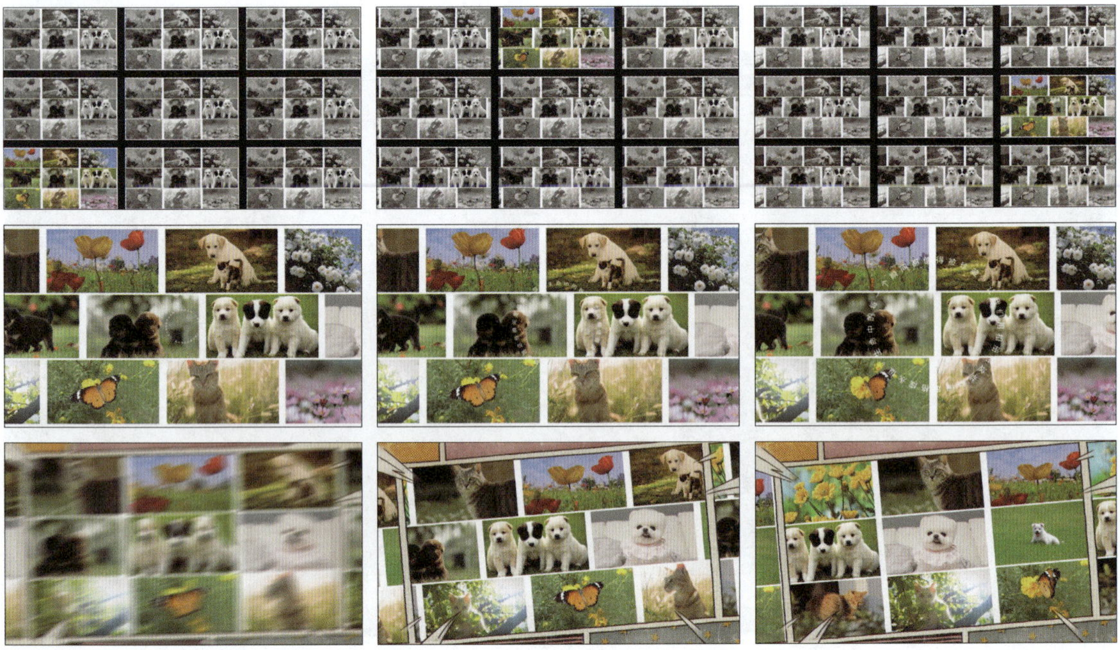

图 5-91 预览视频

学习体会

微信扫码

AI短视频剪辑师

配套伴学资源

拍摄技巧分享

剪辑指导精讲

模块 6

视频特效与转场

内容概要

通过在剪映中添加特效和转场，可以为视频带来更加丰富的视觉效果和情感表达，从而增强视频的艺术感和观赏性，同时还可以提高剪辑效率和节省时间。本模块将对剪映中特效和转场功能的应用进行详细介绍。

数字资源

【本模块素材】："素材文件\模块6"目录下

6.1 添加视频特效

特效功能为视频编辑提供了多种可能性，可以使视频更具表现力和艺术感。用户可以使用内置特效来增强视觉效果、突出重点、表现创意、连接场景等。

剪映中的特效分为画面特效和人物特效两大类。

6.1.1 画面特效

画面特效主要用来为视频画面增添艺术感和创意效果。单击“画面特效”按钮，可以展开该分组中包含的所有特效。画面特效的类型包括基础、氛围、动感、DV、复古、Bling、扭曲、爱心、综艺、潮酷、自然、边框等，如图6-1所示。

图 6-1　画面特效

下面介绍画面特效的用法。在剪映中导入视频，将时间轴移动到需要添加特效的位置。在媒体素材区中打开“特效”面板，在“画面特效”组内选择“边框”选项，单击“播放器II”特效上方的+按钮，即可添加该特效，如图6-2所示。

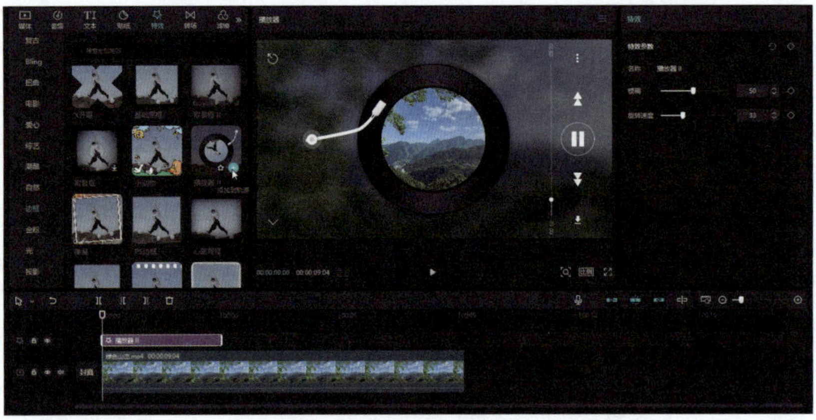

图 6-2　添加特效

将光标移动到特效最右侧边缘位置，当光标变成双向箭头时按住鼠标左键进行拖动，可以调整特效的持续时间，如图6-3所示。

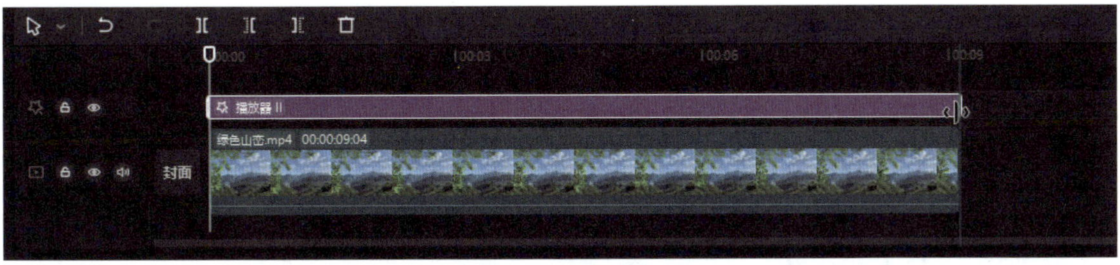

图 6-3 调整特效时长

剪映中大部分的特效支持参数调整。添加特效后，属性调节区中会显示“特效”面板，用户可以在该面板中对特效的参数进行调整。此处对特效的模糊和旋转速度进行适当调整，如图6-4所示。

图 6-4 调整特效参数

为视频添加“播放器II”特效的前后对比效果如图6-5和图6-6所示。

图 6-5 添加特效前

图 6-6 添加特效后

■6.1.2 人物特效

人物特效可以帮助创作者更好地塑造人物形象，营造氛围，表达情感，增强故事性以及创新表现形式。单击“人物特效”按钮，可以查看所有类型的人物特效。人物特效的类型包括情绪、头饰、身体、克隆、挡脸、装饰、环绕、手部、形象、暗黑等，如图6-7所示。

图 6-7 人物特效

在剪映中导入人物视频，将时间轴定位在需要添加特效的位置，在媒体素材区中打开“特效”面板，在“人物特效”组内选择需要的特效类型，随后在要使用的特效上方单击⊕按钮，画面中的人物即可自动应用特效，如图6-8所示。

图 6-8 添加人物特效

■6.1.3 添加多重特效

剪映中的特效可以叠加使用，以呈现更佳的视频效果。下面通过多个特效的叠加应用，制作下雪的效果。

在剪映中导入素材，并将素材添加到轨道中。在媒体素材区中打开“特效”面板，搜索“冬日”特效，随后添加“冬日缤纷”特效，调整特效时长与视频时长相同，如图6-9所示。

图 6-9 搜索并添加特效

随后在“特效”面板中的“画面特效”组内选择“自然”分类。依次添加“初雪I”和“大雪”特效，并调整好特效时长，如图6-10所示。

图 6-10 添加多重特效

通过为视频添加多重特效，制作下雪效果的前后对比，如图6-11和图6-12所示。

图 6-11　添加特效前

图 6-12　添加特效后

6.2　添加视频转场效果

视频转场效果在视频编辑中起着非常重要的作用，它可以增强视频的流畅度、视觉冲击力、情感和氛围等，从而提升观众的观看体验。同时，它也是创作者表达自己创意和风格的重要手段之一。

■6.2.1　用内置转场效果进行转场

剪映提供了叠化、运镜、模糊、幻灯片、光效、拍摄、扭曲、故障、分割、自然、MG动画、互动emoji、综艺等类型的转场效果，用户只需通过简单的操作便可以为视频添加各种转场。

在剪映中导入视频素材，并将素材添加到同一个轨道中。将时间轴移动到两段素材之间，在媒体素材区中打开“转场”面板，在“转场效果”组中选择转场类型，此处选择“叠化”，随后单击“叠化”选项上方的按钮，如图6-13所示。

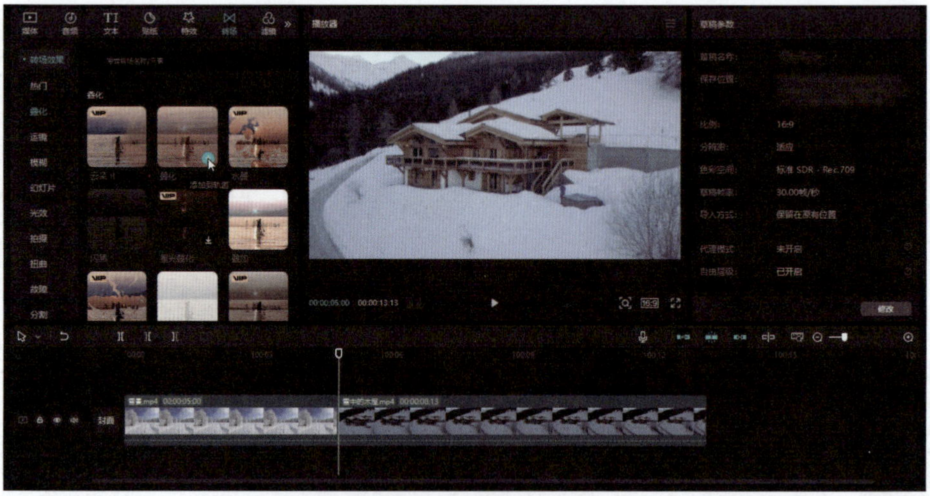

图 6-13　选择转场效果

两段素材随即自动添加相应转场效果，在属性调节区中的“转场”面板中可以设置转场的时长，如图6-14所示。

图 6-14　添加转场效果

添加转场效果后，预览视频，查看“叠化”转场的效果，如图6-15所示。

图 6-15　预览转场效果

■6.2.2　批量添加转场效果

若想为主轨道中的所有视频素材应用相同的转场效果，可以先在媒体素材区中的“转场”面板内为任意两段视频添加一个转场效果，如图6-16所示。

图 6-16　添加一个转场效果

随后在属性调节区中的“转场”面板中单击“应用全部”按钮，便可将当前转场效果应用到主轨道中的所有素材片段之间，如图6-17所示。

图 6-17 批量添加转场效果

■6.2.3 用素材片段进行转场

使用剪映素材库中的“转场”素材，也可以制作出很好的转场效果。下面介绍其具体操作方法。

在媒体素材库中打开“媒体”面板，在“素材库”中选择“转场”分类，接下来在需要使用的转场效果上方单击按钮，如图6-18所示。

图 6-18 选择转场素材

所选转场素材随即被添加到主轨道中，如图6-19所示。将转场素材拖动到上方轨道中，并移动到下方两段视频的连接处，如图6-20所示。

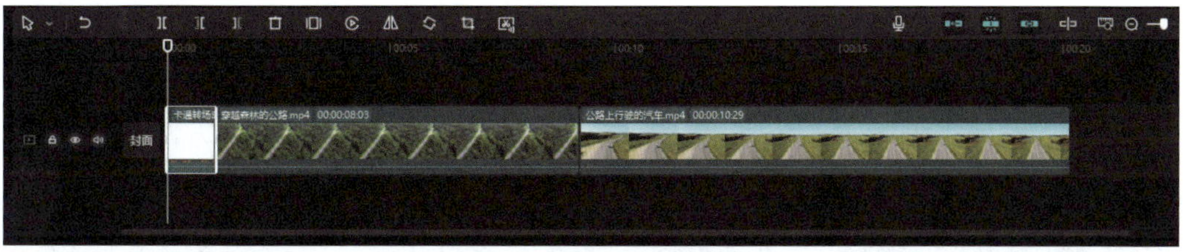

图 6-19　添加转场素材

图 6-20　移动转场素材位置

保持转场素材为选中状态，在属性调节区中打开“画面”面板，在“基础”选项卡中设置混合模式为“变亮”，如图6-21所示。

图 6-21　设置转场素材的混合模式

使用剪映素材库中提供的转场素材制作的转场效果如图6-22所示。

图 6-22　最终效果

■6.2.4　用特效进行转场

使用剪映自带的特效可以制作出过渡自然的转场效果。例如，现有夏天和秋天拍摄的两段视频素材，如果将两段视频直接转场，会显得很跳跃、突兀。下面使用特效使转场变得更自然。

在剪映中导入“夏天的树叶”和“秋天的树叶”两段视频素材，并将视频添加到轨道中。打开“特效”面板，在搜索框中输入“变秋天”，随后按Enter键进行搜索，如图6-23所示。

图 6-23　搜索“变秋天”特效

将时间轴拖动到00:00:03:29时间点，在搜索到的特效中添加“变秋天”特效，如图6-24所示。

图 6-24　添加“变秋天”特效

特效添加完成后，预览视频，查看使用剪映内置特效为视频添加转场的效果，如图6-25所示。

图 6-25 查看转场效果

6.3 案例实战：制作品牌形象短视频

品牌形象类短视频的种类很丰富，主要有公司故事、品牌简介、产品视频、代言人视频、活动视频等，这类视频的主要作用是宣传企业文化、展示公司产品、提高产品的知名度、增强品牌影响力等。

6.3.1 文字部分的制作

本案例主要利用文字、产品图像、贴纸、特效等制作而成。下面从文字部分的制作开始进行介绍。

扫码观看视频

1. 设置视频比例和背景

制作短视频时，需要根据视频的类型和具体内容选择合适的比例，本例制作竖屏9：16比例的视频。

步骤01 启动剪映，打开创作界面，在媒体素材区中的“媒体”面板内打开“素材库”分组，选择“背景”分类，随后添加一个合适的背景，如图6-26所示。

步骤02 在时间线窗口中拖动背景素材右侧边缘，设置其时长为12 s，如图6-27所示。

步骤03 在“播放器”窗口右下角单击“比例”按钮，在展开的列表中选择“9:16（抖音）”选项，如图6-28所示。

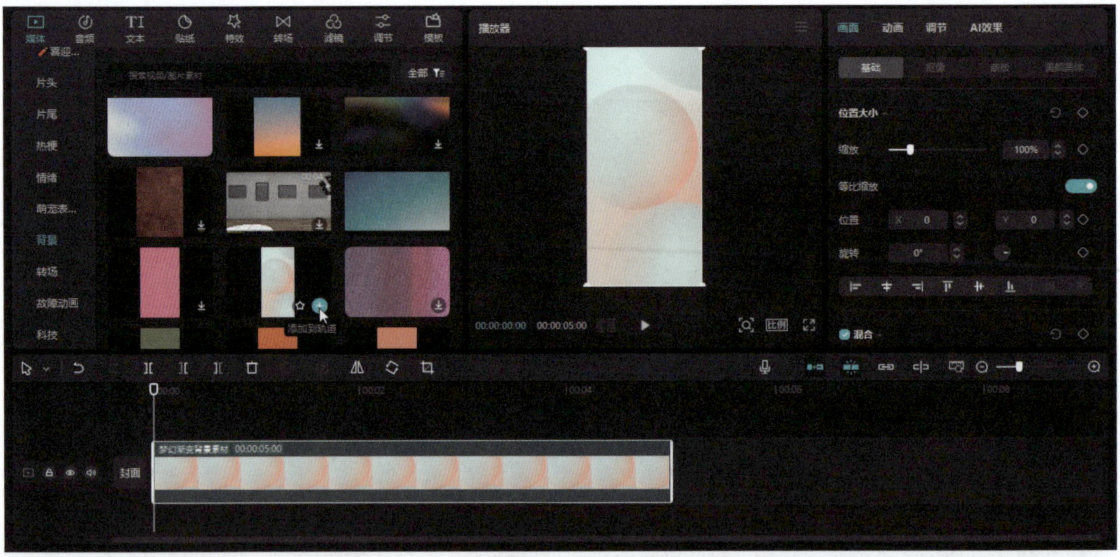

图 6-26　添加背景

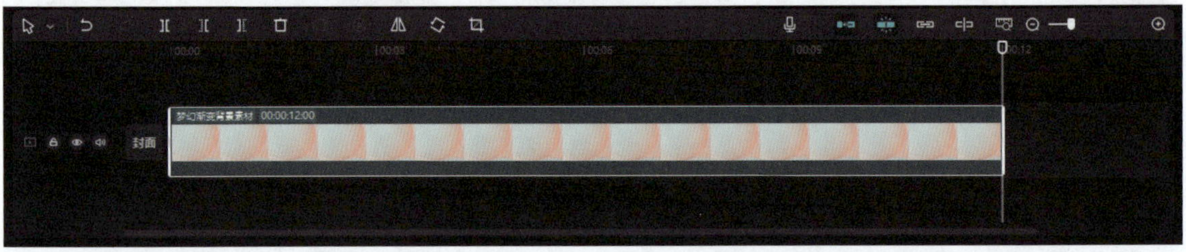

图 6-27　设置背景素材时长

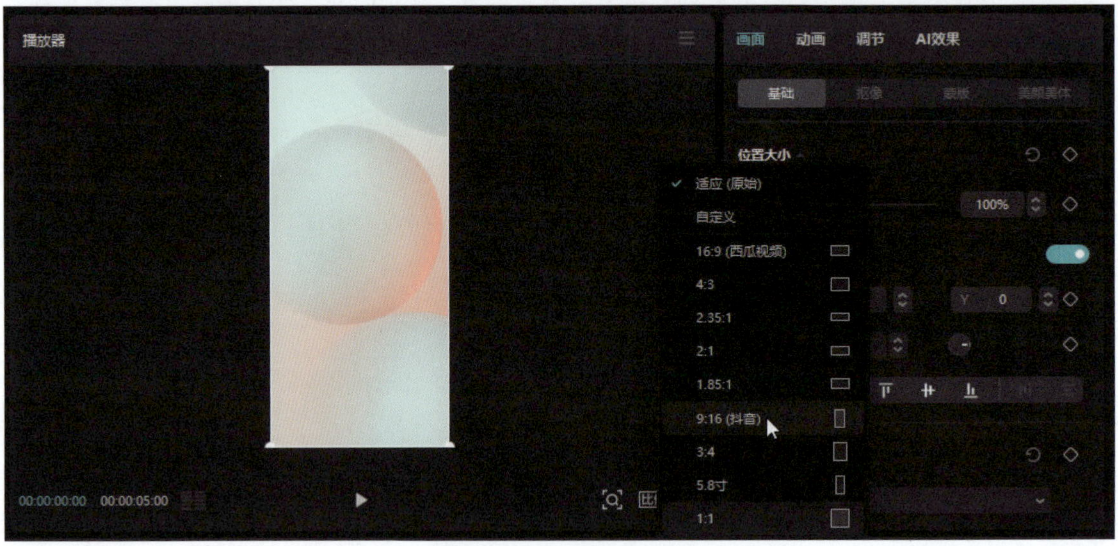

图 6-28　设置视频比例

步骤 04 视频的比例随即发生相应变化，此时背景图片无法完全铺满整个视频画面，画面左右两侧均有黑边，如图6-29所示。

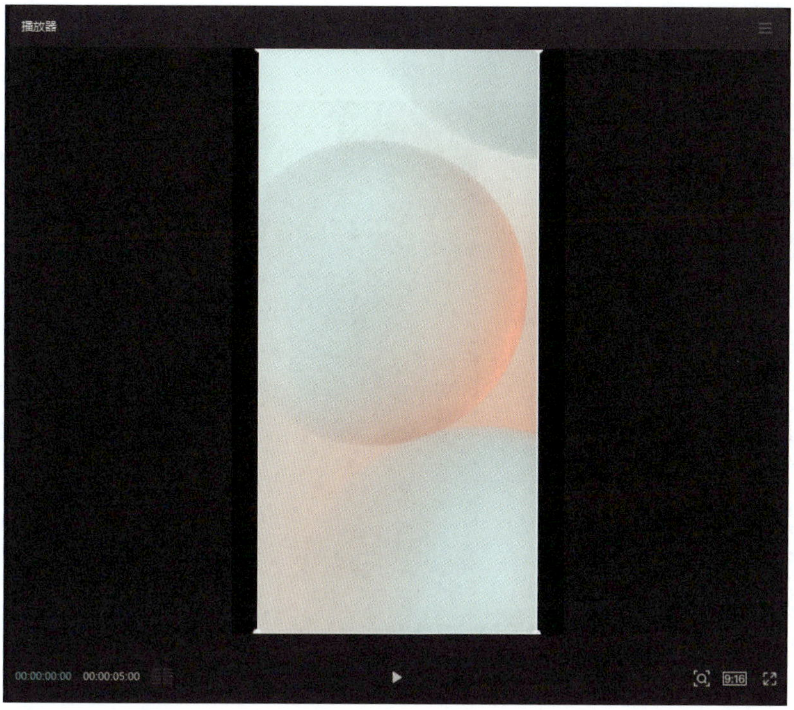

图 6-29 完成比例设置

步骤05 在播放器窗口中，将光标移动到背景素材4个边角处的任意一个白色控制点上方，当光标变成双向箭头时按住鼠标左键进行拖动，使背景素材完全覆盖整个画面，如图6-30所示。

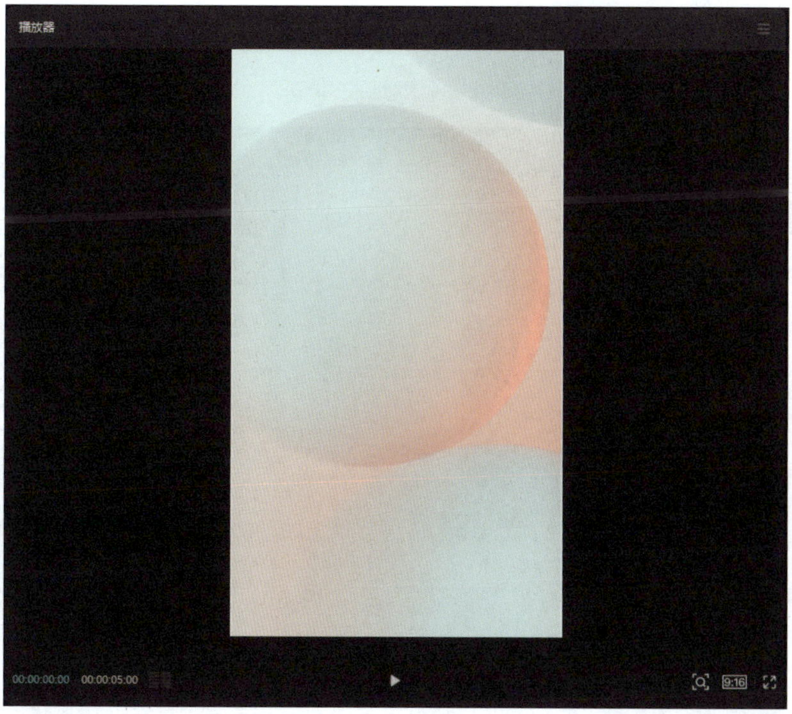

图 6-30 缩放背景素材

步骤06 保持背景素材为选中状态，在属性调节区中打开“调节”面板，在“基础”选项卡中设置对比度为“-50”，设置颗粒为“26”，如图6-31所示。

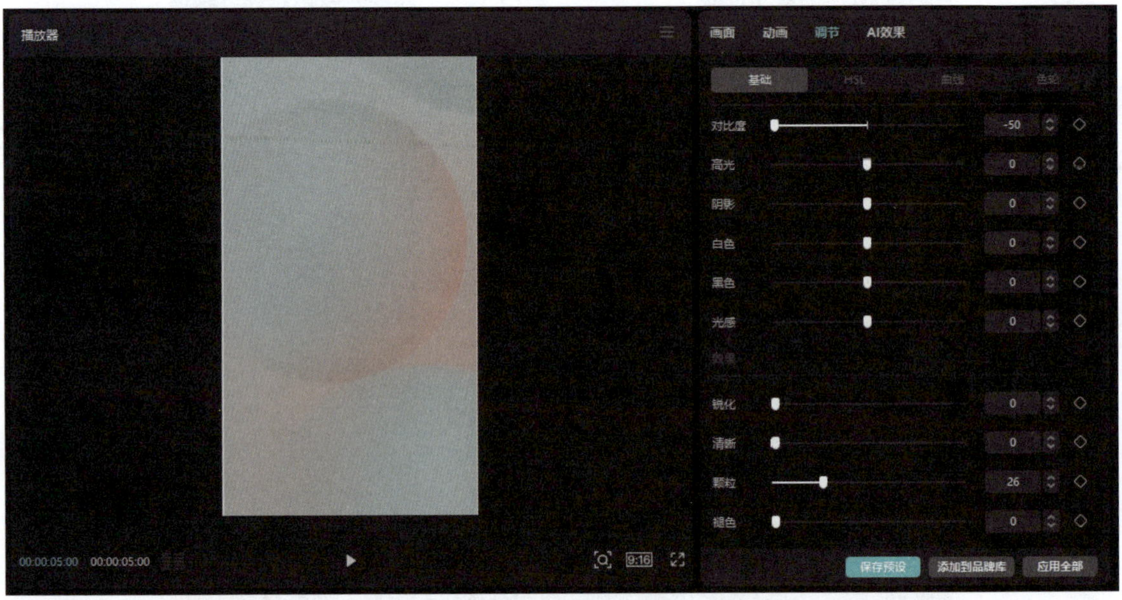

图 6-31　调节背景效果

2. 添加文字

背景设置完成后便可以着手添加文字了。下面使用默认文本框输入文本，然后设置字体格式。

步骤01 将时间轴移动到00:00:00:12时间点，在媒体素材区中打开“文本”面板，在“默认文本”选项上方单击按钮，向轨道中添加一个默认文本素材，如图6-32所示。

图 6-32　添加默认文本素材

步骤02 保持默认文本素材为选中状态，在属性调节区中打开“文本”面板，在“基础”选项卡中输入文本内容，设置字体为“芷云体”，设置缩放值为“220%”，设置位置的X值为“236”、Y值为“1297”，如图6-33所示。

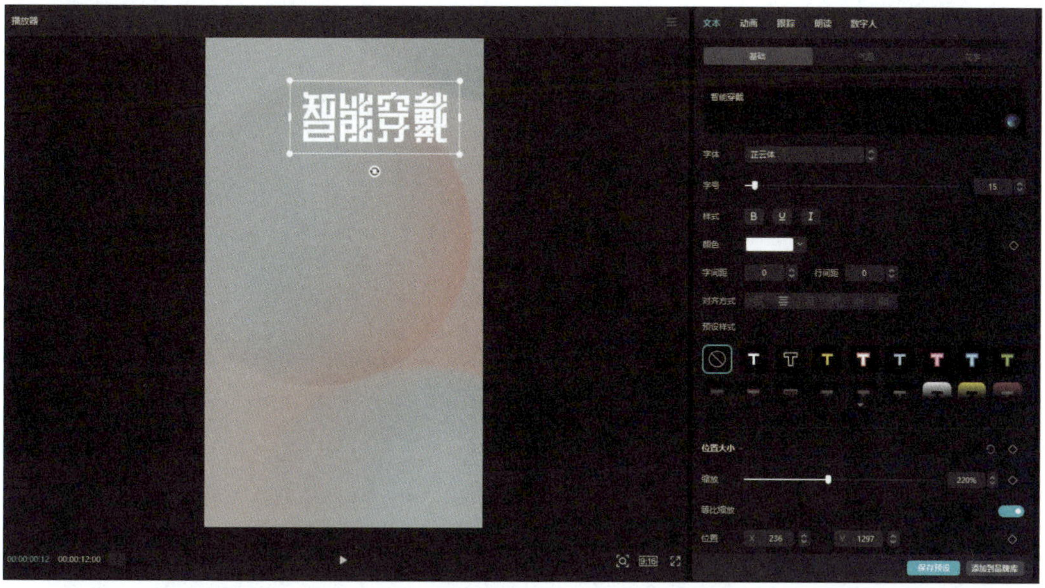

图 6-33　设置文本字体、大小和位置

步骤03 勾选“阴影”复选框，颜色使用默认的黑色，设置不透明度为“40%”，模糊度为“0%”，距离为“8”，角度为“-56°”，如图6-34所示。

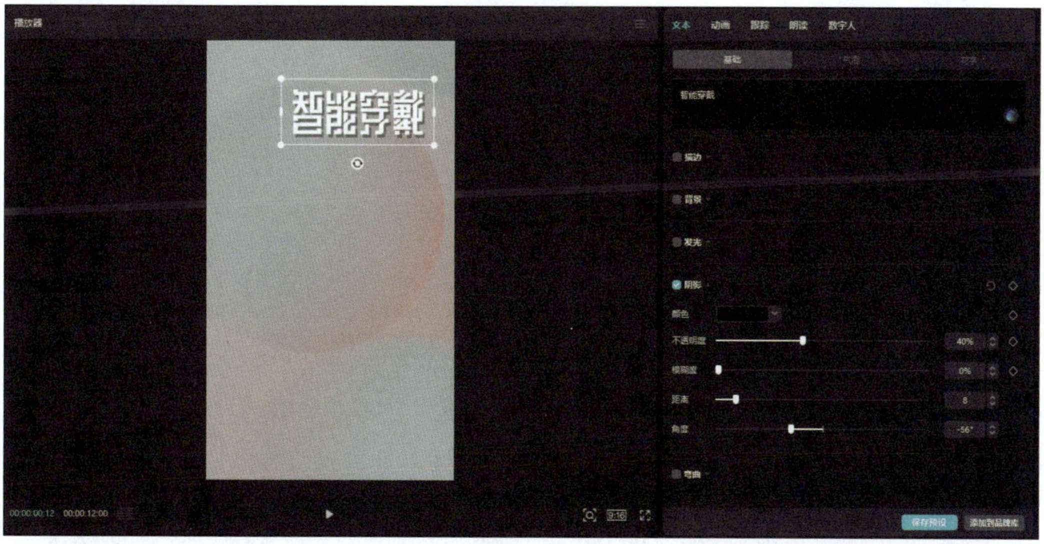

图 6-34　为文本添加阴影

步骤04 将时间轴移动到00:00:00:20时间点，添加“默认文本”素材，在属性调节区中“文本”面板内的“基础”选项卡中设置字体为“鸿蒙体”，字间距为“6”，缩放值为“67%”，位置的X值为“245”、Y值为“870”，如图6-35所示。

图 6-35 设置第 2 段文本

步骤 05 将时间轴移动到00:00:00:27时间点，再次添加“默认文本”素材，在属性调节区中“文本”面板内的“基础”选项卡中设置字体为“鸿蒙体”、字间距为“6”、缩放值为“67%”，位置的X值为“245”、Y值为“660”，如图6-36所示。

图 6-36 设置第 3 段文本

步骤 06 在时间线窗口中，拖动文本素材右侧边缘，设置3段文本素材的结束位置均与下方背景素材的结束位置对齐，如图6-37所示。

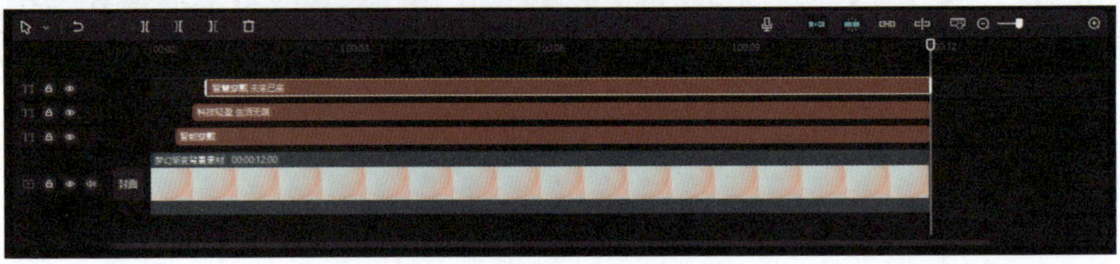

图 6-37 设置文本素材时长

3. 使用特效强化背景效果

添加投影特效可以增强视频的效果。下面使用“日落灯”特效去除背景的平淡。

步骤01 将时间轴移动到轨道的最左侧，在属性调节区中打开“特效”面板，在“画面特效”组中选择“投影”分类，随后添加“日落灯”特效，如图6-38所示。

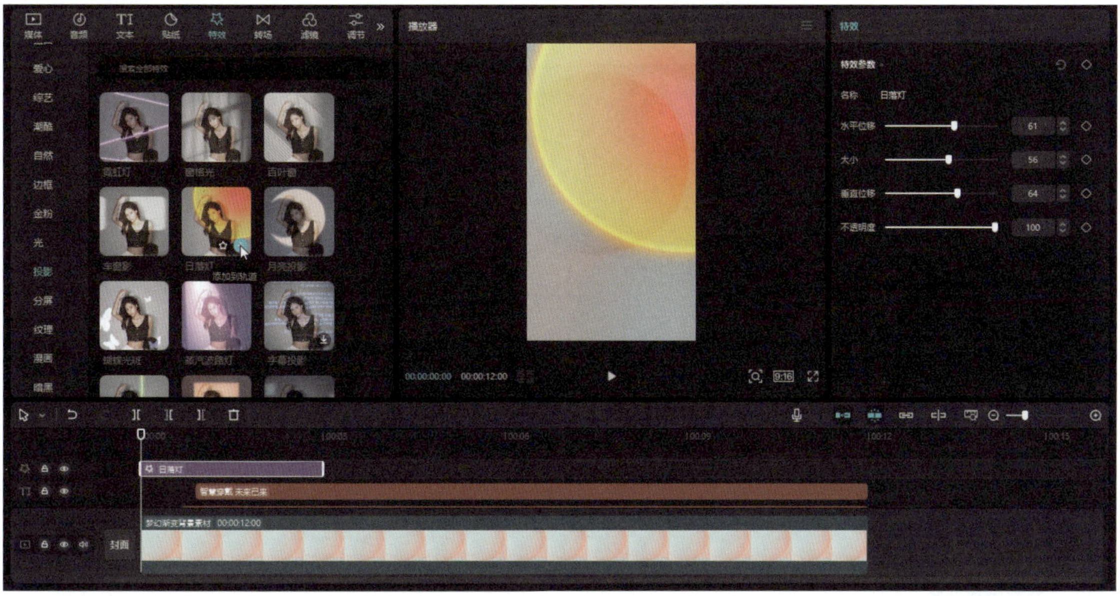

图 6-38 添加“日落灯”特效

步骤02 拖动“日落灯”特效素材的右侧边缘，使其结束位置与下方轨道中的背景素材结束位置对齐，如图6-39所示。

图 6-39 设置“日落灯”特效时长

■6.3.2 产品图像部分的处理

本例需要从素材中抠出产品图像，然后调整其大小和位置，使产品图像与视频画面融为一体。

扫码观看视频

步骤 01 在素材文件夹中，选择要使用的“智能手表”图片，将素材向时间线窗口中拖动，如图6-40所示。

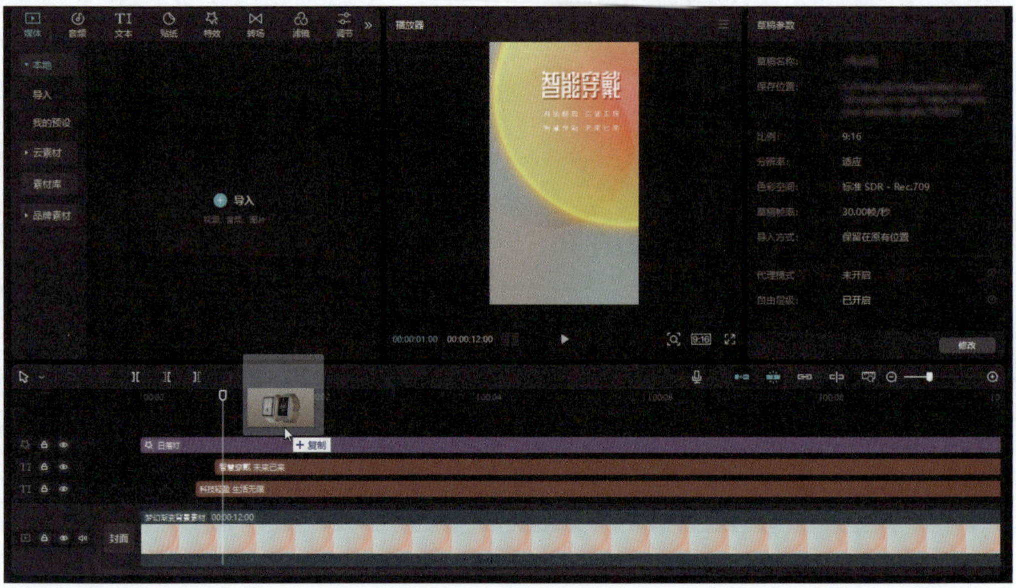

图 6-40 添加产品素材

步骤 02 所选素材随即被自动添加到轨道中，调整产品素材的起始播放时间为00:00:01:00，如图6-41所示。随后将素材的结束位置设置为与下方轨道中背景素材的结束位置对齐。

图 6-41 调整产品素材开始播放时间点

步骤03 将光标移动至播放器窗口，向上滚动鼠标滚轮，可以放大视频画面，以便更方便地执行操作。在属性调节区中的“画面”面板内打开“抠像”选项卡，勾选“自定义抠像”复选框，单击“智能画笔”按钮，如图6-42所示。

图 6-42　自定义抠像

步骤04 将光标移动至播放器窗口，按住鼠标左键，在要保留的物体上方进行拖动，如图6-43所示。

步骤05 剪映随即自动识别要保留的物体，如图6-44所示。随后继续拖动鼠标在画面上进行涂抹，以便增加要保留的区域。

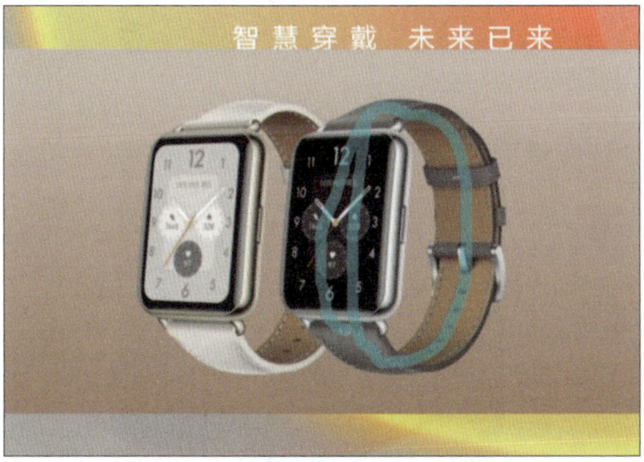

图 6-43　选择要保留的物体

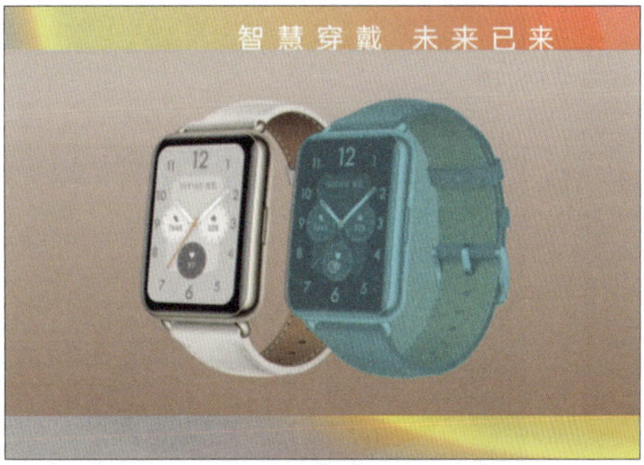

图 6-44　自动识别物体

步骤06 在“自定义抠像”组中单击“智能橡皮”按钮，根据需要调整好“大小”值，将光标移动到播放器窗口中，按住鼠标左键进行涂抹，如图6-45所示。

步骤07 剪映随即将自动识别的多余部分删除，如图6-46所示。

步骤08 继续擦除其他不需要保留的部分，设置完成后单击“应用效果”按钮，如图6-47所示。

图 6-45　使用“智能橡皮”

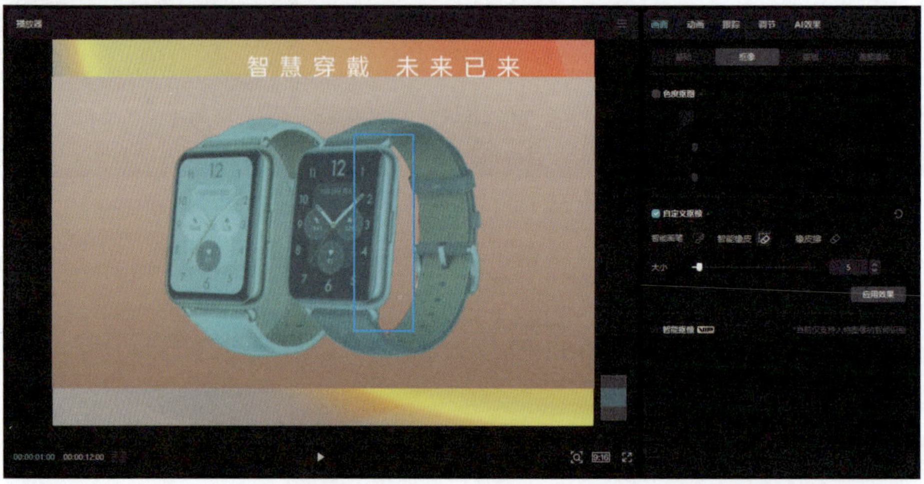

图 6-46　擦除不需要保留的部分

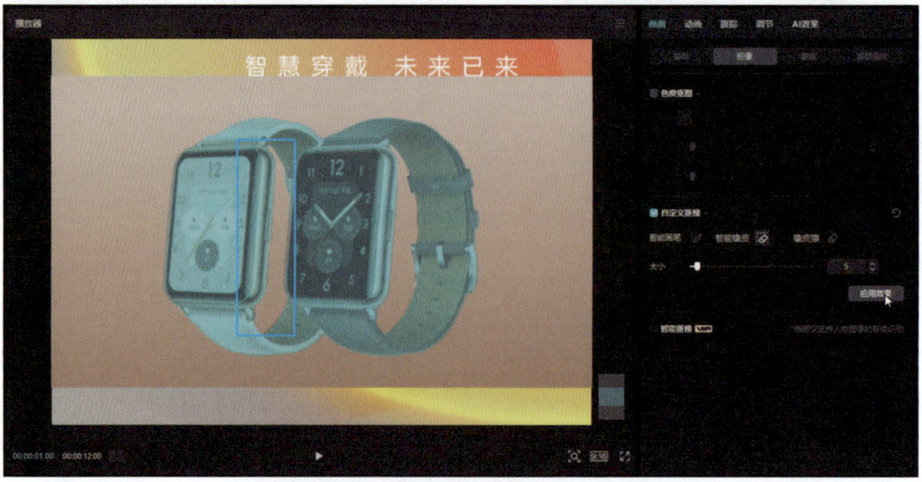

图 6-47　执行“应用效果”命令

步骤09 素材中的背景随即被删除，主体被保留。在“画面”面板中打开“基础”选项卡，设置缩放值为“122%”，位置的X值为“-185”，Y值为“-730”，如图6-48所示。

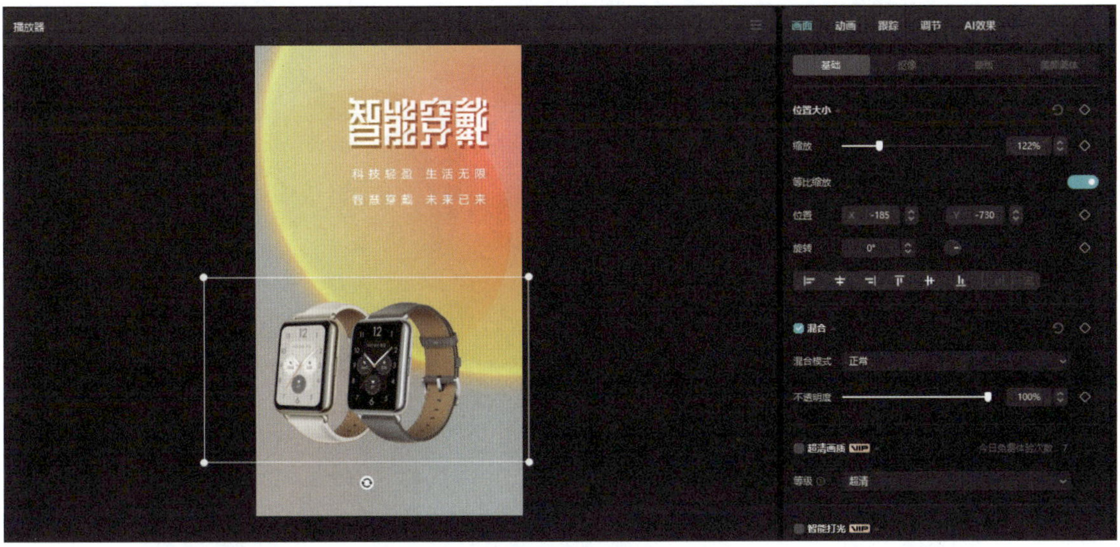

图 6-48 调整产品图像的大小和位置

步骤10 将时间轴移动到00:00:01:10时间点，在媒体素材区中打开“贴纸”面板，在“贴纸素材”组中选择“科技”分类，随后添加两个贴纸素材，如图6-49所示。

图 6-49 添加贴纸

步骤 11 参照图6-50和图6-51分别设置两个贴纸的大小和位置以及旋转角度。

图 6-50 设置贴纸的大小和位置以及旋转角度 1

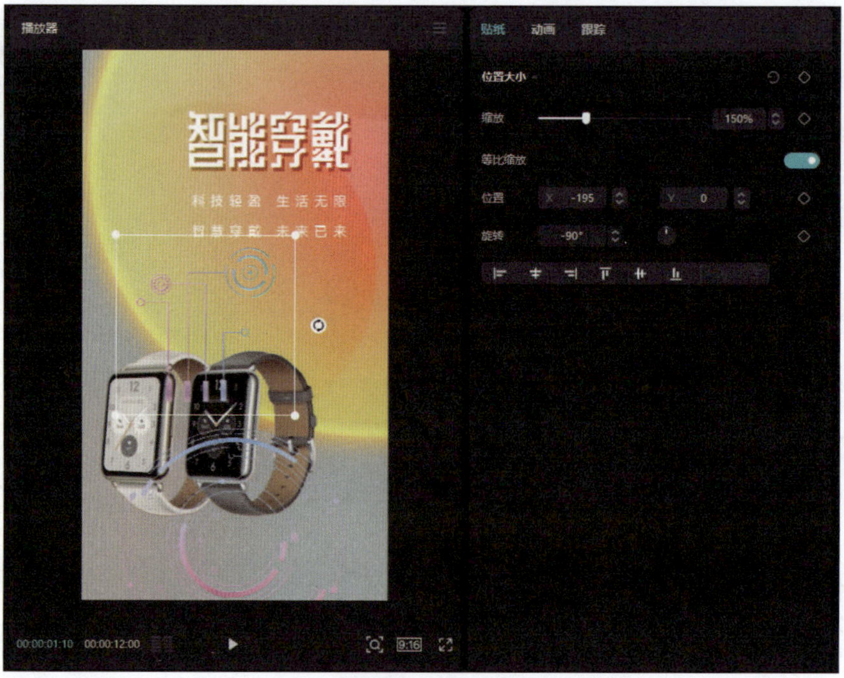

图 6-51 设置贴纸的大小和位置以及旋转角度 2

步骤 12 在时间线窗口中，使用鼠标拖动的方法选中两个贴纸素材，并将两个贴纸素材拖动到“智能手表”素材下方的轨道中显示，如图6-52所示。

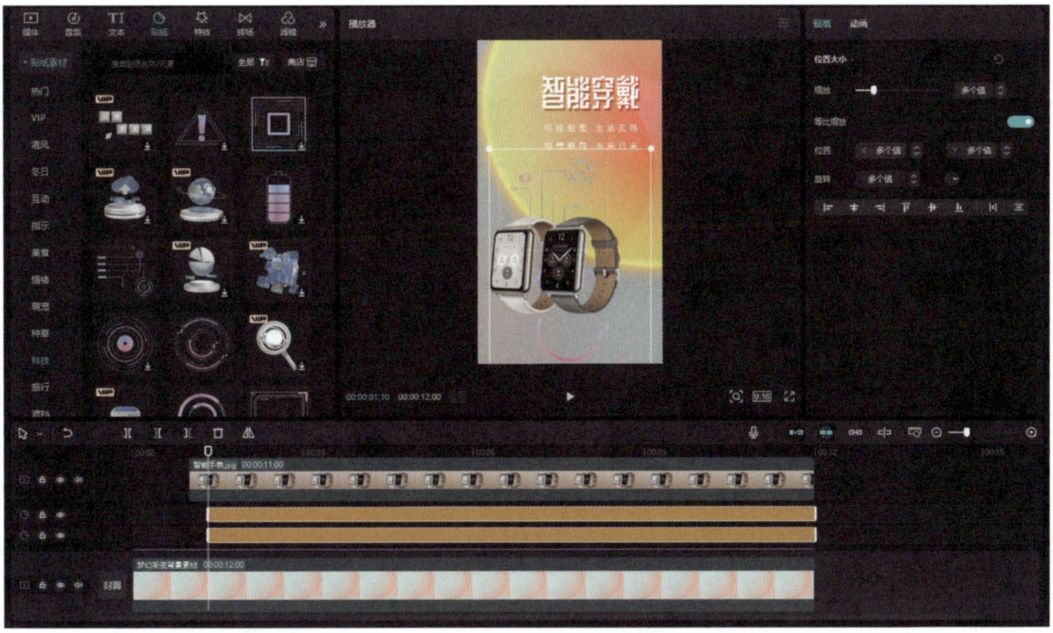

图 6-52　调整素材叠放层次

■6.3.3　让视频动起来

为视频中的文本、贴纸、产品图片等素材添加动画，可以制作出动态视频的效果，让视频更具观赏性。

扫码观看视频

步骤 01 选择背景素材上方轨道中的文本素材，在属性调节区中打开“动画”面板，在“入场”选项卡中选择“剪映”动画，设置动画时长为“1.0s”，如图6-53所示。

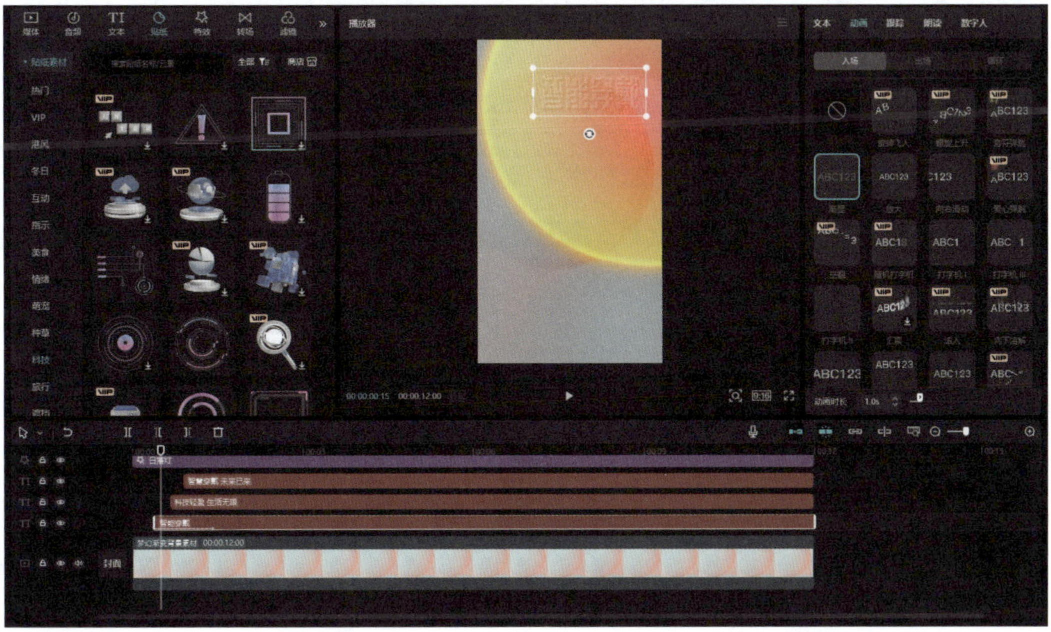

图 6-53　为文本设置入场动画

步骤 02 参照上一个步骤继续为上方两个轨道中的文本素材添加“渐显”入场动画，动画时长均为“1.0s”，如图6-54所示。

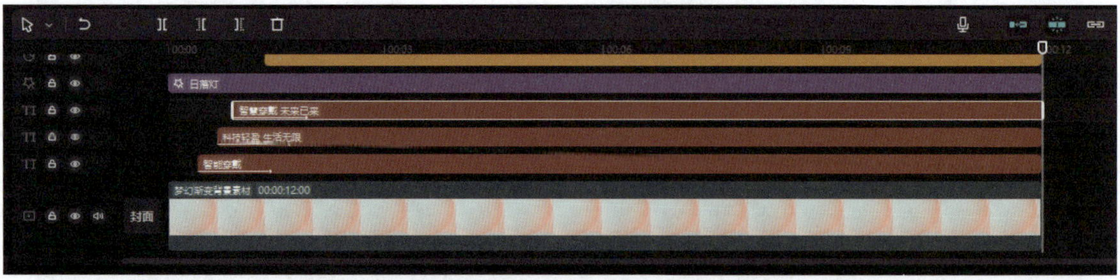

图 6-54 为其他文本添加入场动画

步骤 03 在时间线窗口中同时选中两个贴纸素材，在属性调节区中打开“动画”面板，在“入场”选项卡中选择“渐显”动画，动画时长保持默认，如图6-55所示。

图 6-55 为贴纸添加动画

步骤 04 在时间线窗口中选择“智能手表”素材，在属性调节区中打开“动画”面板，在“入场”选项卡中选择“镜像翻转”动画，设置动画时长为“0.7s”，如图6-56所示。

步骤 05 将时间轴移动到00:00:01:10时间点，在媒体素材区中打开“文本”面板，在“文字模板”组中选择“科技感”分类，添加一个合适的文字模板，如图6-57所示。默认情况下该文字模板自带动画效果。

步骤 06 保持文字模板为选中状态，在属性调节区中的“文本”面板内可以修改文本内容、调整位置参数等。此处将缩放值设置为“68%”，位置的X值设置为“0”、Y值设置为“-1595”，如图6-58所示。

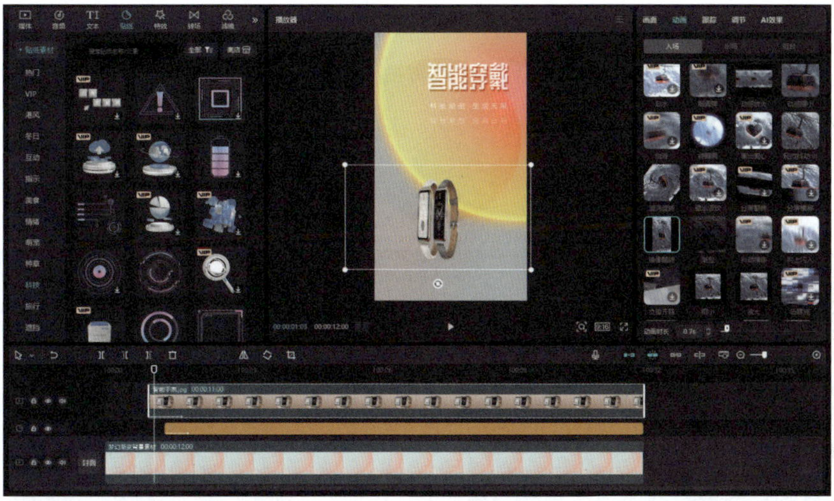

图 6-56 为产品添加动画

图 6-57 添加文字模板

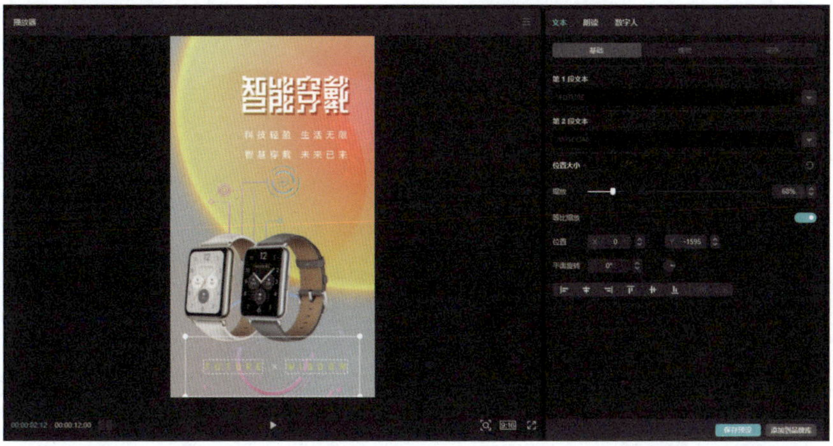

图 6-58 编辑文字模板

■6.3.4 特效提升高级氛围感

扫码观看视频

为视频添加剪映内置的特效，是快速提升视频整体氛围感的有效方法。下面为视频添加多种特效。

步骤01 将时间轴移动到轨道的最左侧，在媒体素材区中打开“特效”面板，在“画面特效”组中选择“金粉”分类，添加“仙尘闪闪”特效，如图6-59所示。

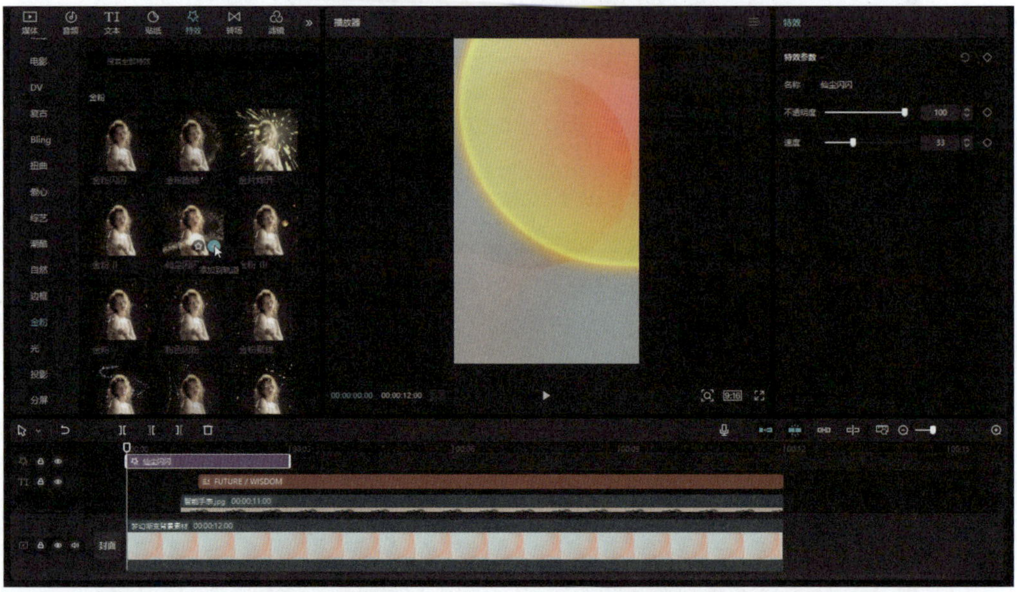

图 6-59 添加“仙尘闪闪”特效

步骤02 将时间轴移动到00:00:03:00时间点，在“画面特效”组中选择“动感”分类，添加“心跳”特效，如图6-60所示。

图 6-60 添加“心跳”特效

步骤03 设置“心跳”特效的结束时间为00:00:04:00时间点。将时间轴停留在该时间点，在“画面特效”组中选择“金粉”分类，添加“金片II”特效，随后拖动该特效右侧边缘，使其结束位置与背景素材的结束位置对齐，如图6-61所示。

图 6-61　添加“金片 II”特效

步骤04 将时间轴移动到00:00:00:08时间点，在媒体素材区中打开“音频”面板，在“音效素材”界面中搜索“魔法特效”，随后在搜索到的结果中添加“仙尘音效”，如图6-62所示。

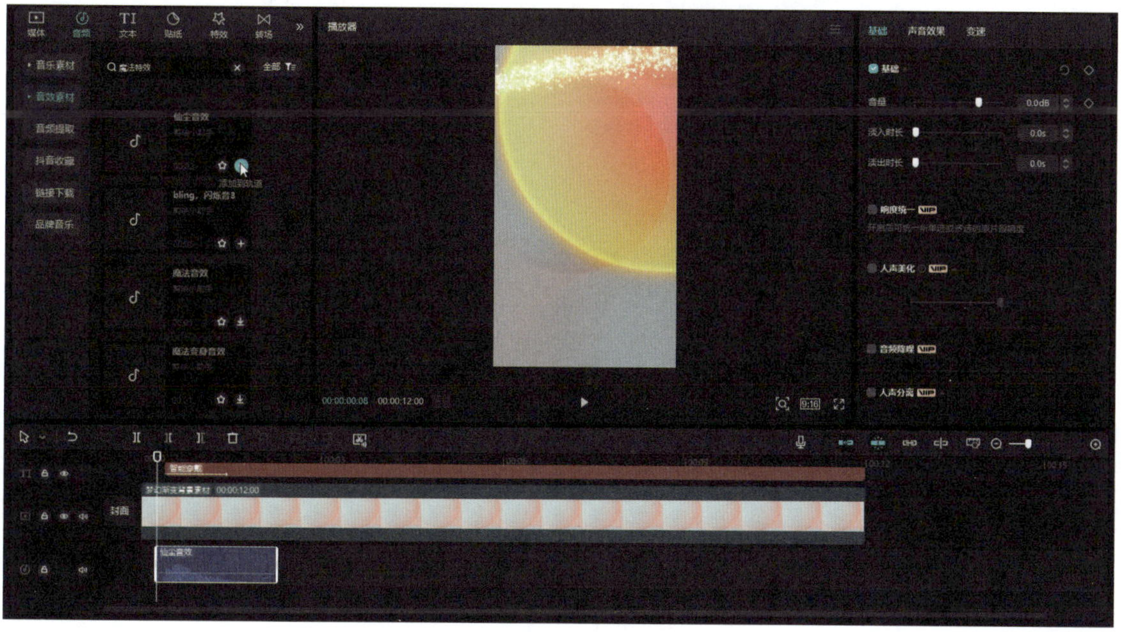

图 6-62　添加音效

步骤05 最后，导入背景音乐素材，并将其添加到音频轨道，设置音频的时长及淡出效果，如图6-63所示。

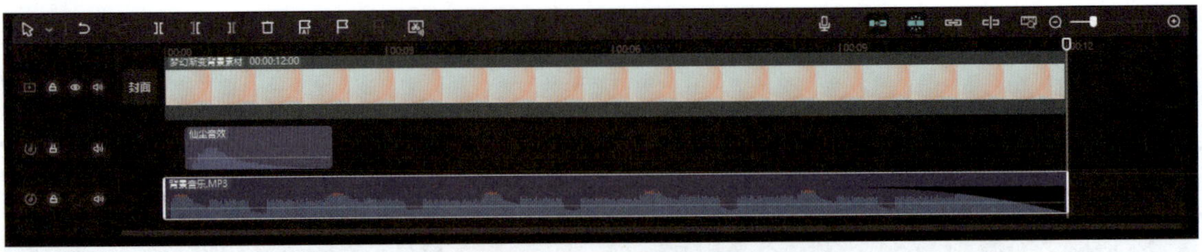

图 6-63　添加背景音乐

步骤06 预览视频，查看播放效果，如图6-64所示。

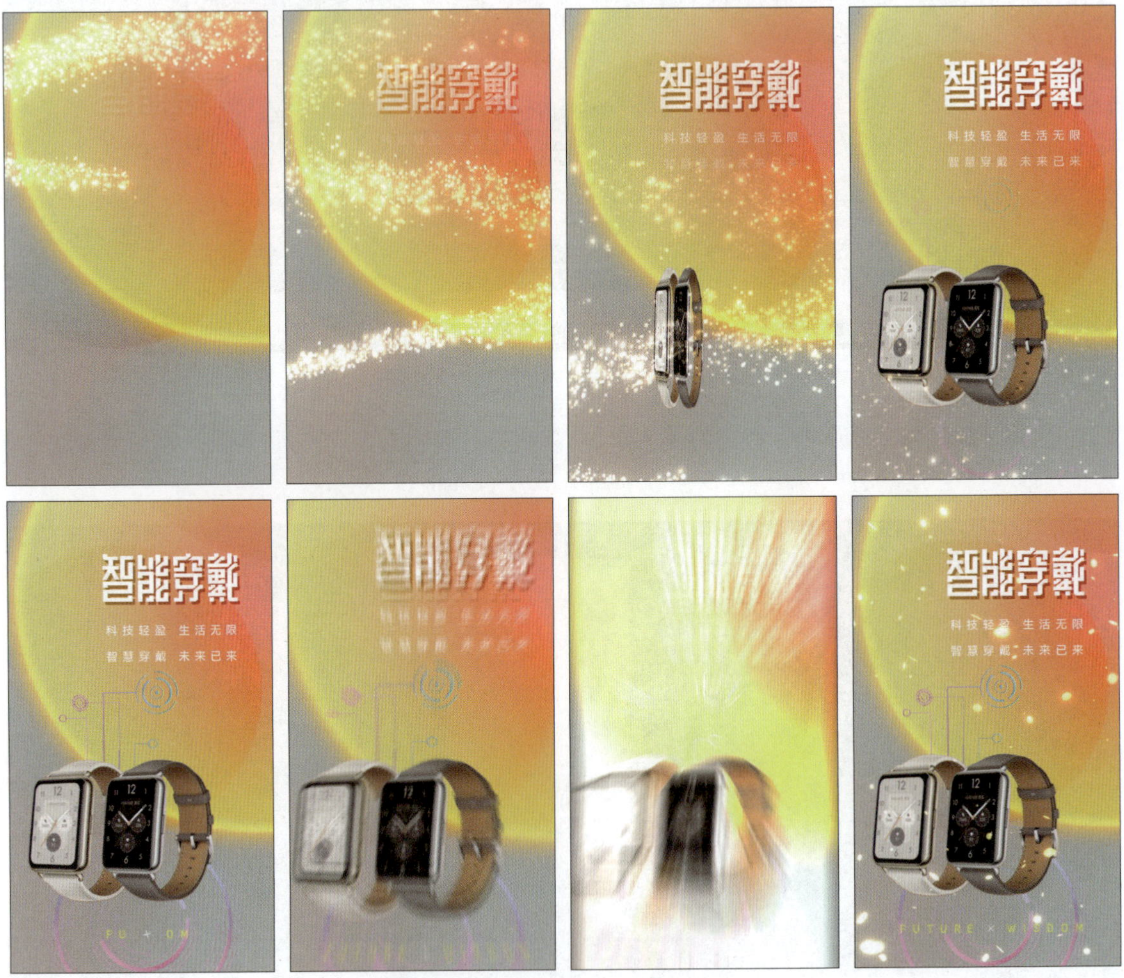

图 6-64　视频播放效果

微信扫码
AI短视频剪辑师
配套伴学资源
拍摄技巧分享
剪辑指导精讲

模块7

音频素材的处理

内容概要

声音对于短视频的故事叙述、情感表达、氛围营造和字幕制作等方面都有着重要的影响。因此，在进行视频编辑时，需要充分重视音频的处理，以提高视频的质量和观感体验。

数字资源

【本模块素材】："素材文件\模块7"目录下

7.1 处理视频原声

视频原声的质量会直接影响视频的整体质量，在剪映中编辑视频时可以对视频原声进行处理，包括调整音量、音频降噪、声音变调、音画分离等。

■7.1.1 调整原声音量

不管是带原声的视频还是单纯的音频文件，添加到剪映的轨道中以后，素材上方都会显示一条代表音量的横线，如图7-1所示。

图 7-1　带原声的视频素材

将光标移动到横线上方，光标会变成双箭头，按住鼠标左键进行拖动即可快速调整音量，向上拖动为增加音量，向下拖动为减小音量，如图7-2所示。

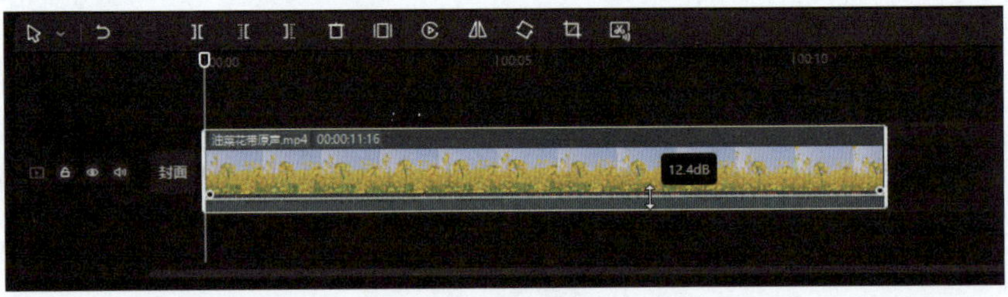

图 7-2　调整音量

除了在轨道中调整音量，也可以在属性调节区中打开“音频”面板，在“基础”选项卡中调整“音量”滑块，以此设置音量的大小，如图7-3所示。

图 7-3　在音频面板中设置音量参数

■7.1.2 原声变速和变调

剪映支持对音频进行“声音变调”处理，即改变视频中声音的音调。声音变调需要在音频变速的前提下才能实现。在轨道中选择音频素材，在功能区中打开“变速”面板，拖动“倍数”滑块设置音频变速，然后打开“声音变调”开关，所选音频随即自动改变音调，如图7-4所示。

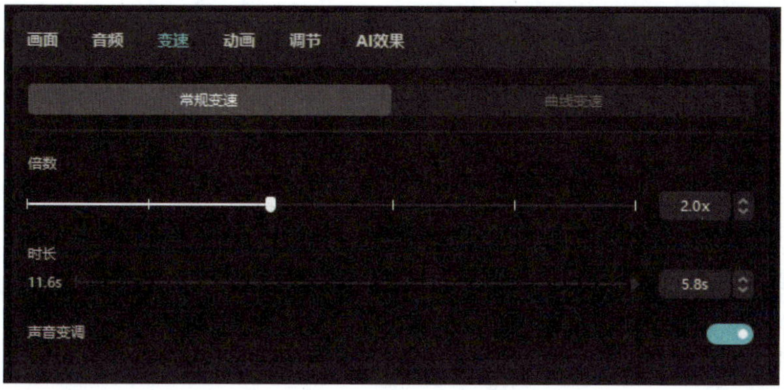

图 7-4 声音变速和变调

■7.1.3 关闭视频原声

编辑视频时若不想使用视频原声，可以将原声关闭。其操作方法非常简单，只需在视频轨道的左侧单击“关闭原声”按钮，该轨道中所有视频的原声即可被关闭，如图7-5所示。

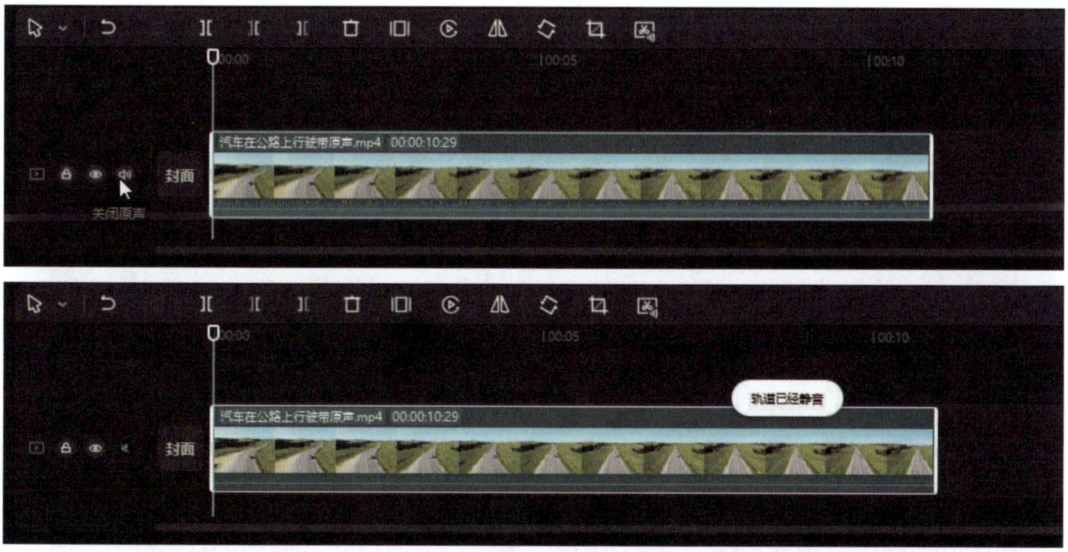

图 7-5 关闭视频原声

■7.1.4 音频分离

为了方便对视频的画面或声音进行单独编辑，可以将视频的原声与画面分离。在轨道中右击视频素材，接下来在弹出的菜单中选择“分离音频”选项，如图7-6所示。

图 7-6 执行“分离音频”命令

视频中的音频随即被分离出来，自动显示在下方的音频轨道中，如图7-7所示。

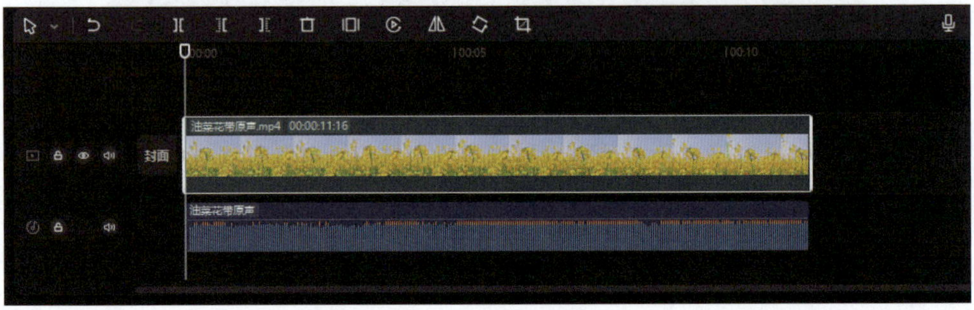

图 7-7 音频分离成功

■7.1.5 音频的分割或裁剪

音频的分割或裁剪方法与视频的分隔与裁剪方法基本相同。在轨道中选择音频素材，移动时间轴定位好要操作的位置，在工具栏中单击“分割”按钮，即可自时间轴位置将音频素材分割成两段，如图7-8所示。

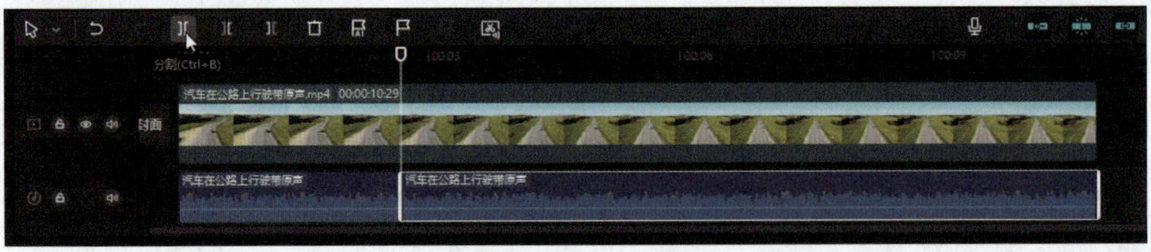

图 7-8 分割音频

移动时间轴定位好要操作的位置，在工具栏中单击“向左裁剪”或“向右裁剪”按钮，则可删除时间轴左侧或右侧的音频素材，如图7-9所示。

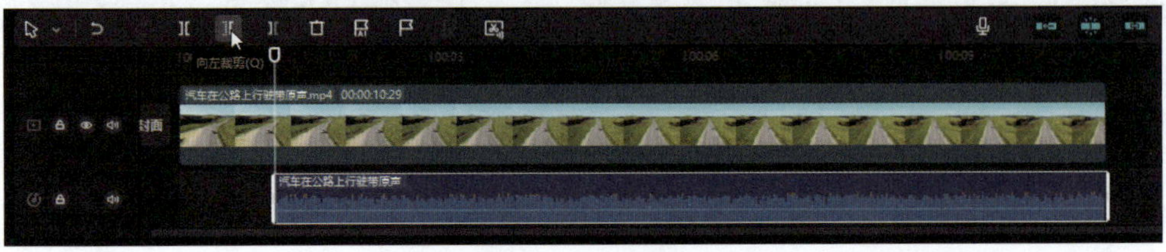

图 7-9 裁剪视频

■7.1.6 音频的淡入淡出

为了防止视频中声音突然出现和消失而显得太突兀，可以为音频设置淡入、淡出效果。淡入可以让声音逐渐从无到有，淡出则可以让声音逐渐从有到无，使得音频的起始和结束更加自然。

在时间线窗口中，当把光标移动到音频素材上方时，音频素材的两端会分别显示一个圆形的控制点，这两个控制点即淡入和淡出控制点，用于设置音频的淡入或淡出效果。将光标移动到音频结束位置的淡出控制点上方，光标会变成白色的双向箭头，如图7-10所示。按住鼠标左键进行拖动，即可为音频设置淡出效果，如图7-11所示。

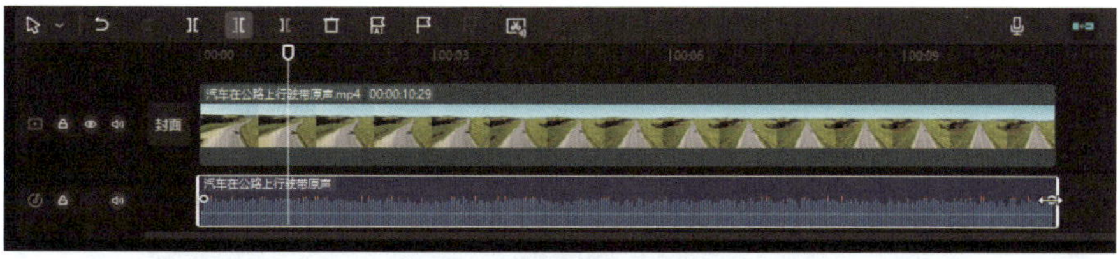

图 7-10 准备执行淡出操作

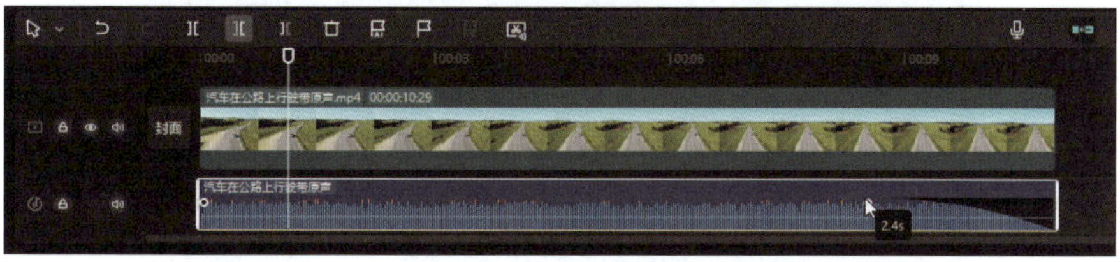

图 7-11 设置音频淡出

设置音频淡入与设置音频淡出的方法相同。将光标移动到淡入控制点上方，当光标变成双向箭头时，按住鼠标左键进行拖动即可，如图7-12所示。

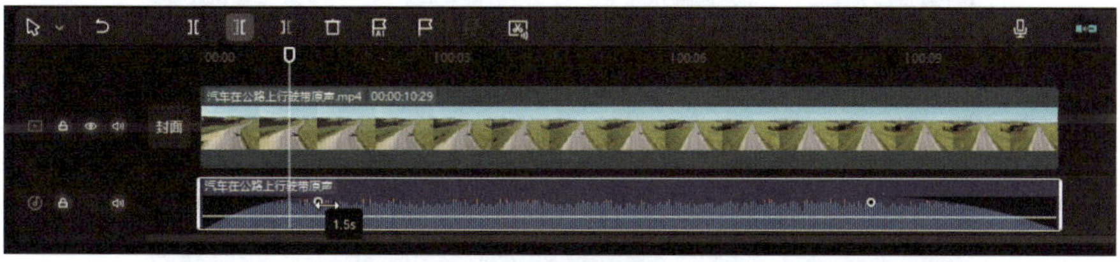

图 7-12 设置音频淡入

用户也可以在属性调节区中的“基础”面板内设置音频的淡入、淡出效果。拖动“淡入时长”和“淡出时长”滑块可以控制淡入或淡出的持续时间，如图7-13所示。

图 7-13 在“基础”面板中设置淡入或淡出时长

7.2 添加背景音乐

背景音乐可以增强视频的情感表达，起到营造氛围、引导观众的情绪和注意力等作用。在选择和使用背景音乐时，需要充分考虑视频的内容和主题，进而选择合适的音乐，以达到最佳的效果。

■7.2.1 从音乐素材库中添加背景音乐

剪映的音乐素材库为视频创作者提供了丰富的免费音乐资源，并根据音乐的特点进行了详细的分类，如纯音乐、卡点、Vlog、旅行、悬疑、浪漫、轻快等，如图7-14所示。短视频制作者可以根据不同平台的特点和观众喜好，选择不同的音乐类型和风格，以获得更好的效果。用户也可以根据歌曲名或歌手姓名直接搜索需要的音乐素材，如图7-15所示。

图 7-14　内置音乐素材

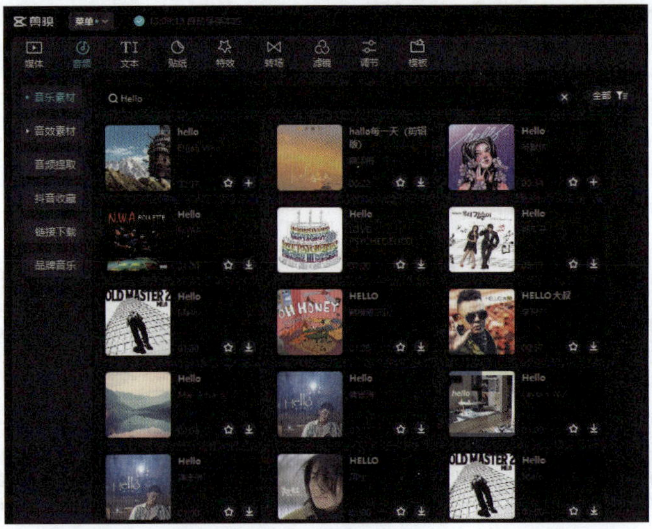

图 7-15　搜索歌曲

下面介绍如何为视频添加背景音乐。在时间线窗口中将时间轴移动到需要添加音乐的位置。在媒体素材区中打开“音频”面板，在“音乐素材”组中选择一个音乐类型，在音乐选项上单击可以先试听音乐，如图7-16所示。

图 7-16　试听音乐

若确定要使用该音乐，则单击当前音乐文件上的按钮，时间线窗口中随即自动新建音乐轨道，并自动添加所选音乐素材，如图7-17所示。

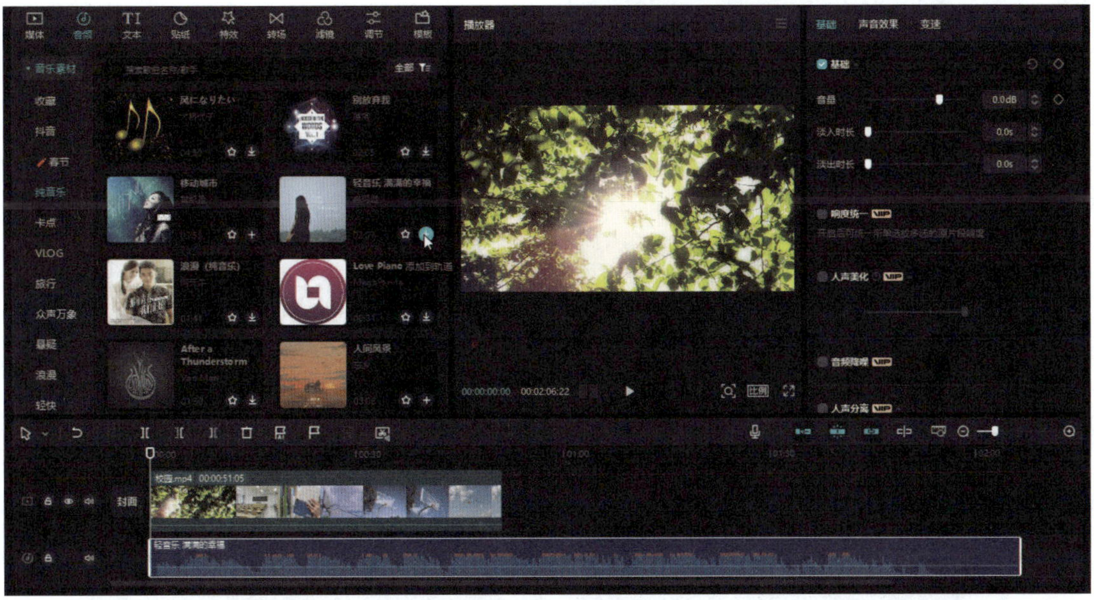

图 7-17　添加背景音乐

音频素材被添加到轨道中以后，可以对音频素材进行裁剪，并设置淡入或淡出效果，使背景音乐和视频画面相匹配，如图7-18所示。

图 7-18 编辑背景音乐

■7.2.2 导入本地音乐

在剪映中编辑视频时也经常需要使用自己准备的音乐素材，导入音频的方法和导入视频的方法基本相同。下面介绍其具体操作方法。

在素材区中打开“媒体”面板，在“本地”界面中单击“导入”按钮，如图7-19所示。

在弹出的“请选择媒体资源”对话框中选择需要的音频文件，单击“打开”按钮，如图7-20所示。

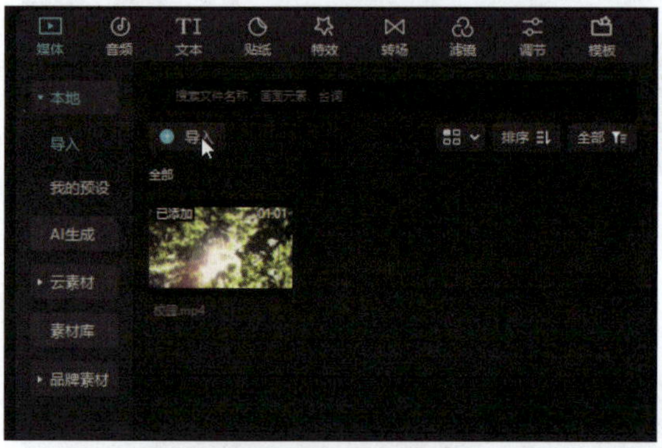

图 7-19 执行“导入”命令

图 7-20 选择背景音乐素材

所选音频随即被导入剪映。单击该音频素材上方的按钮，即可将音频添加到轨道中，如图7-21所示。

图 7-21 添加背景音乐

■7.2.3 提取其他视频中的音乐

如果想使用某段视频中的背景音乐，可以将该视频导入剪映，然后提取该视频中的背景音乐。下面介绍其具体操作方法。

在素材区中打开“音频”面板，单击“音频提取”按钮，在打开的界面中单击“导入”按钮，如图7-22所示。

图 7-22 执行“导入”命令

在弹出的“请选择媒体资源”对话框中选择需要提取其音频的视频文件，单击“打开”按钮，如图7-23所示。

图 7-23 选择视频素材

所选视频中的背景音乐随即被自动提取到剪映中，单击按钮即可将该音频添加到音频轨道中，用户可以根据实际需要对所提取的音频进行裁剪或其他编辑，如图7-24所示。

图 7-24　添加提取的音频

■7.2.4　音乐踩点

音频踩点是指跟上音乐节奏，根据音乐的节奏、旋律、节拍等元素，将视频画面按照音乐的节奏进行剪辑，以达到画面与音乐完美同步的效果。

剪映支持自动踩点和手动踩点，若是自动踩点还可以选择踩点的频率。在时间线窗口中选择音频素材，在工具栏中单击“自动踩点”按钮，在下拉列表中可以根据需要选择“踩节拍Ⅰ”或“踩节拍Ⅱ”。“踩节拍Ⅰ”的自动踩点频率要低于“踩节拍Ⅱ”，如图7-25所示。

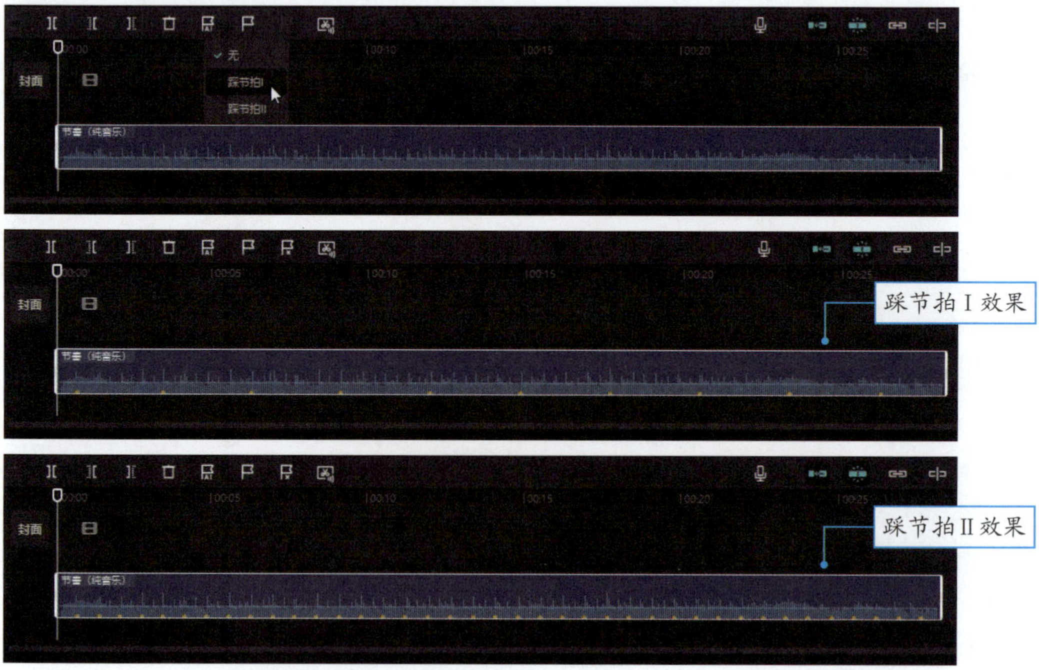

图 7-25　音乐自动踩点

若要为音频踩点，可以将音频素材选中，然后将时间轴拖动到要踩点的位置，在工具栏中单击“手动踩点”按钮，如图7-26所示，时间轴位置随即会被添加一个踩点标记，如图7-27所示。

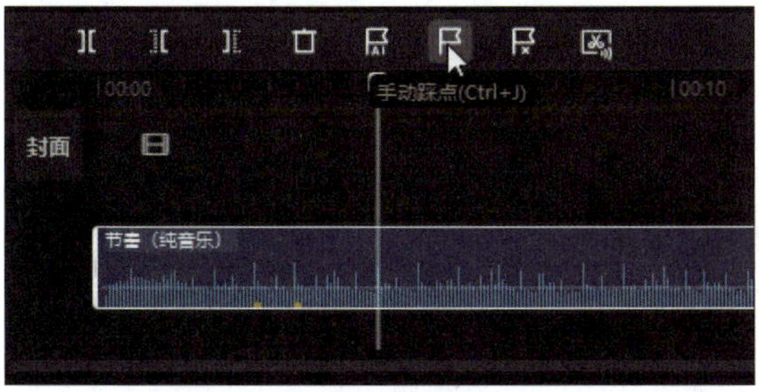

图 7-26 执行“手动踩点”命令

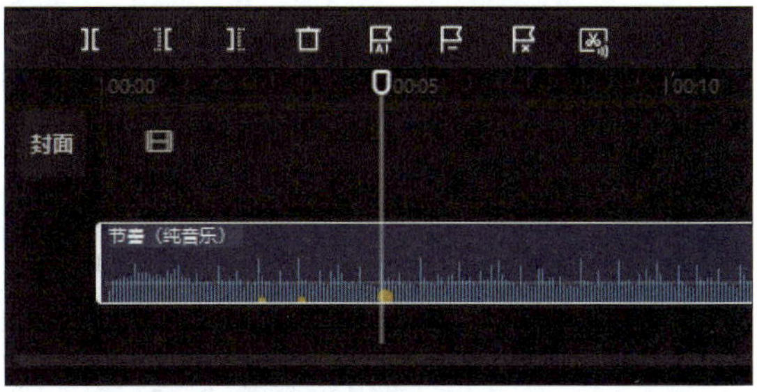

图 7-27 添加手动踩点

为视频踩点后，若要单独删除某个踩点标记，可以将时间轴移动到该踩点标记上方，在工具栏中单击“删除踩点”按钮进行删除，如图7-28所示。若要删除所有踩点标记，则可以单击“清空踩点”按钮，如图7-29所示。

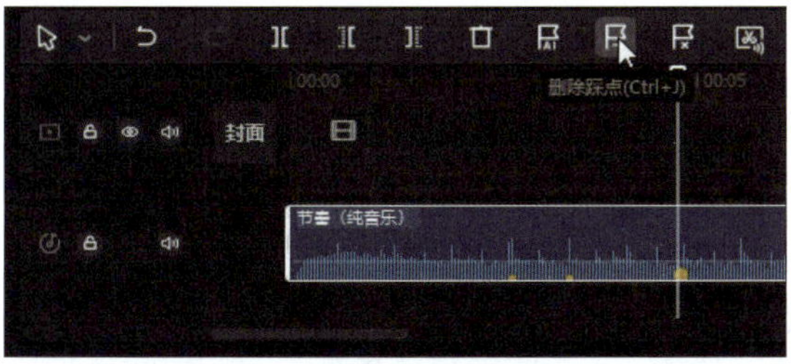

图 7-28 删除当前踩点

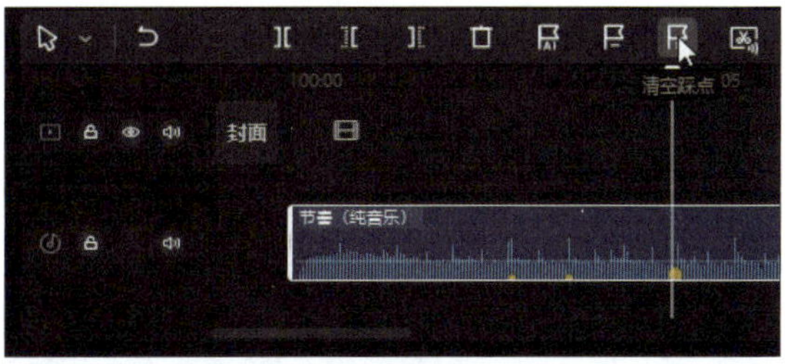

图 7-29 清空踩点

7.3 添加音效与录音

在剪映中除了可以添加音乐素材，还可以添加音效素材以及录制声音。下面介绍其具体操作方法。

7.3.1 添加音效

在视频创作中，音效的添加能够起到增强现场感、渲染场景气氛、描述人物内心感受、构建场景以及增强视频的趣味性等作用。适当运用音效可以使得视频更加生动、有趣、具有感染力。

剪映包含了大量免费的音效素材，包括笑声、综艺、机械、悬疑、BGM、人声、转场、游戏、魔法、打斗等类型。在素材区域中的“音频”面板中单击“音效素材”按钮，可以看到所有音效类型，如图7-30所示。

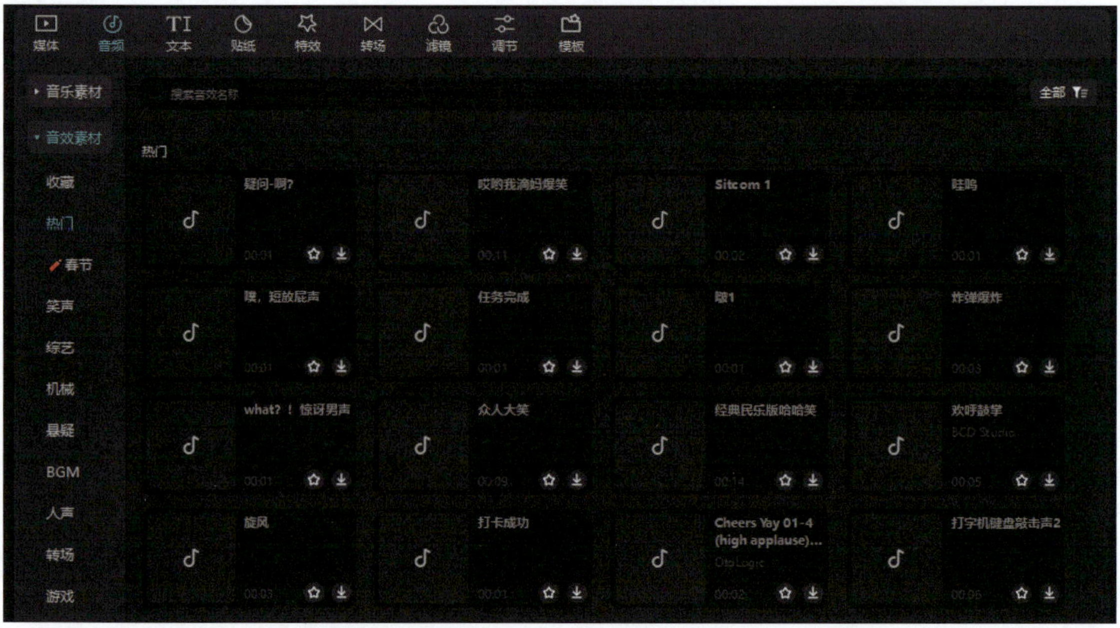

图 7-30　音效素材

下面为一段视频添加猫咪叫声音效。将时间轴移动到需要添加音效的位置，打开“音频”面板，展开“音效素材”组，选择“动物”分类，在展开的界面中选择一个合适的猫咪叫声音效，单击上方的按钮，即可将该音效添加到轨道中，如图7-31所示。

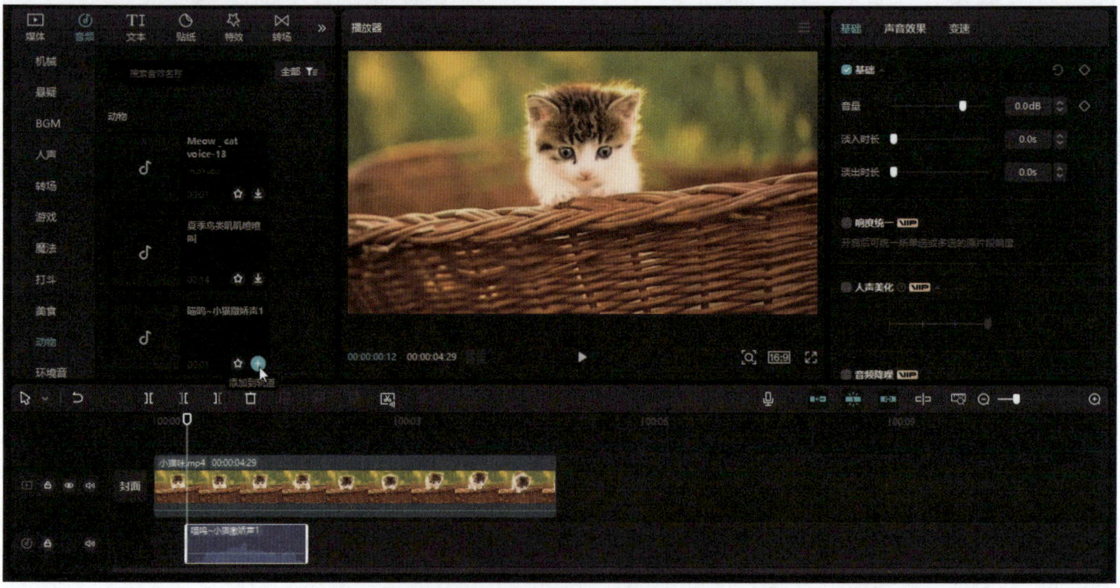

图 7-31　添加音效

用户也可以通过关键词搜索需要的音效。例如，为一段摩托车驶过的画面添加摩托车行驶音效。在“音效素材”界面顶部的搜索框中输入“摩托车行驶”文本内容，如图7-32所示。

图 7-32 添加音效

按下Enter键，即可搜索到所有与摩托车声音相关的音效素材。通过试听选择一个满意的音效，将其添加到音频轨道中，如图7-33所示。

图 7-33 搜索并添加音效

最后，调整好音效的位置、时长、淡出效果，使音效和画面更匹配，如图7-34所示。

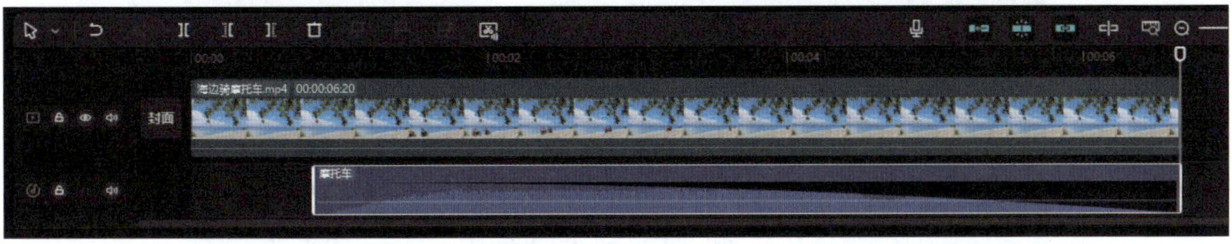

图 7-34 编辑音效

■7.3.2 录制声音

剪映的“录音”功能允许用户在剪辑视频的过程中自己录制音频，这为视频内容提供了更多的创作空间。

在时间线窗口中，将时间轴移动到开始录制声音的时间点，在工具栏中单击“录音”按钮，如图7-35所示。

图 7-35 执行“录音”命令

在弹出的“录音”对话框中勾选“回声消除”和“草稿静音”复选框，单击“点击开始录制”按钮，如图7-36所示。播放器窗口中随即出现3 s的倒计时，随后进入录音模式，如图7-37所示。

图 7-36 开始录制

图 7-37 录音倒计时

录音过程中，音频轨道内会自动显示录制的音频素材，音频时长会随着录制的时间自动变化。若要结束录制，在“录音”对话框中单击“点击结束录制”按钮即可，如图7-38所示。

图 7-38 结束录制

结束声音录制后，单击“录音”对话框右上角的关闭按钮，将对话框关闭，在时间线窗口的音频轨道中可以看到刚录制的音频素材，如图7-39所示。

图 7-39　查看录制的音频素材

7.4　案例实战：制作运动宣传短视频

想要制作一部成功的运动宣传短视频，需要考虑到多个方面，包括内容策划、拍摄技巧、后期剪辑、配乐选择、字幕翻译和推广等。本案例重点介绍如何使用各种剪辑手法，并根据现有素材制作运动宣传短视频。

■7.4.1　制作震撼年份切换片头

为数字素材添加动画、创建复合片段，并使用音效，可以制作出动态切换的年份数字片头。接下来介绍其具体操作步骤。

扫码观看视频

步骤01 启动剪映，在创作界面中的“媒体”面板内选择“素材库”，添加“黑场”素材，如图7-40所示。

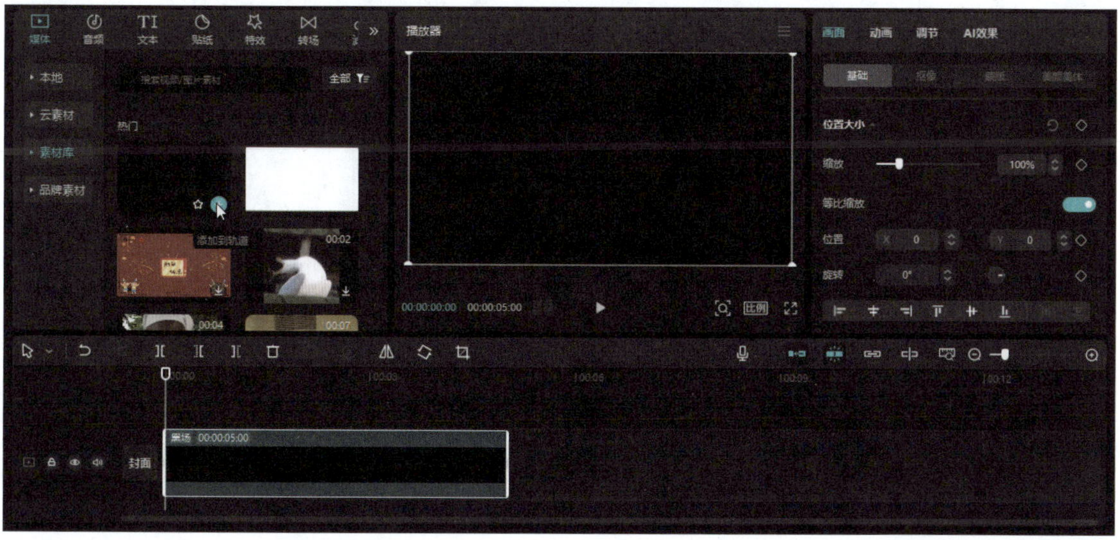

图 7-40　添加“黑场”素材

步骤02 保持时间轴定位于轨道的最左侧，在媒体素材区中打开“文本”面板，添加“默认文本”素材，如图7-41所示。

图 7-41　添加“默认文本”素材

步骤03 保持文本素材为选中状态，在属性调节区中“文本”面板内的“基础”选项卡中输入数字“202”，设置字体为“Anton”、字号为“18”、字间距为“1”、缩放值为“500%”、位置的*X*值为“-410”，如图7-42所示。

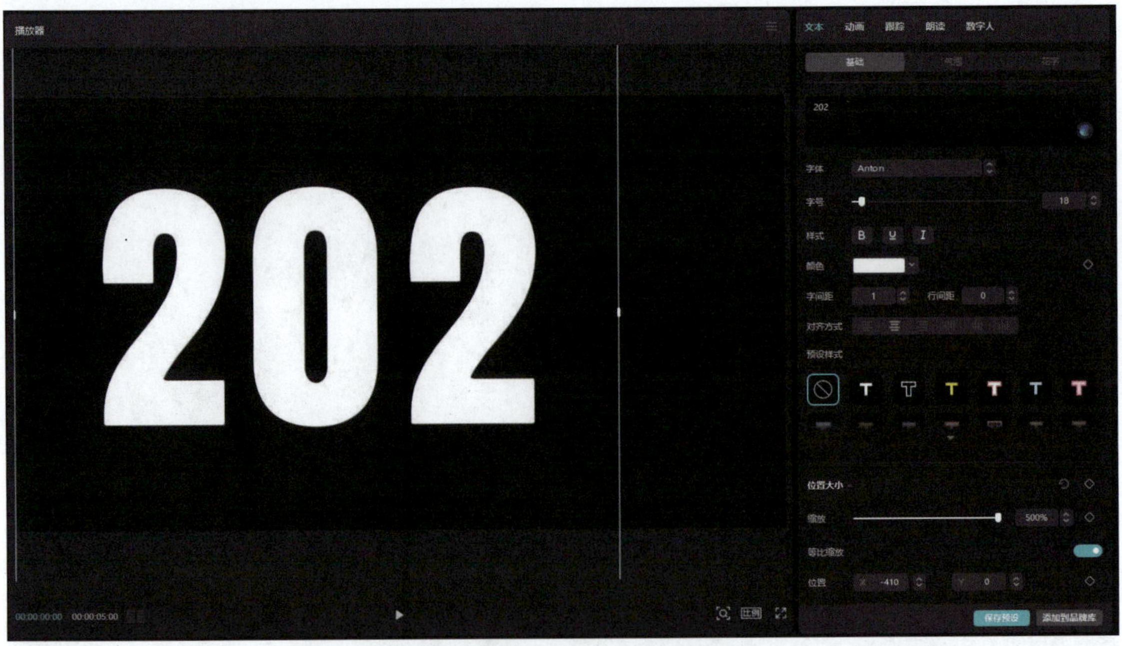

图 7-42　设置年份数字的固定部分

步骤04 按Ctrl+C组合键复制文本素材，将时间轴移动到00:00:00:20时间点，按Ctrl+V组合键将复制的文本素材粘贴到上方轨道中，如图7-43所示。

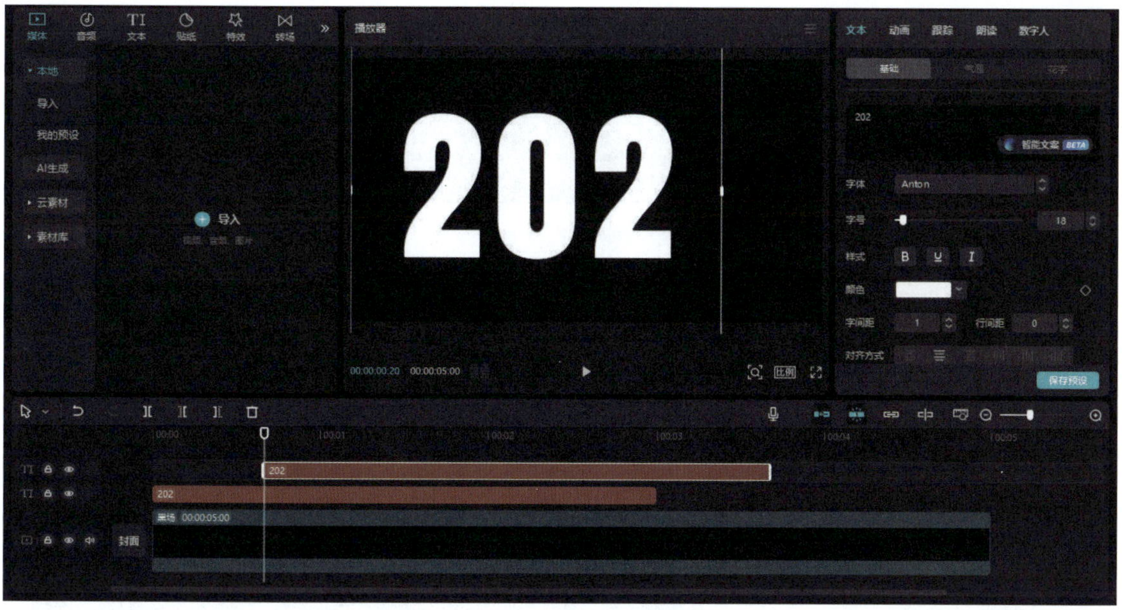

图 7-43　复制文本素材

步骤 05 选中上方轨道中的文本素材，在属性调节区中“文本”面板内的“基础”选项卡内修改数字为“0”，设置位置的*X*值为“1183”，如图7-44所示。

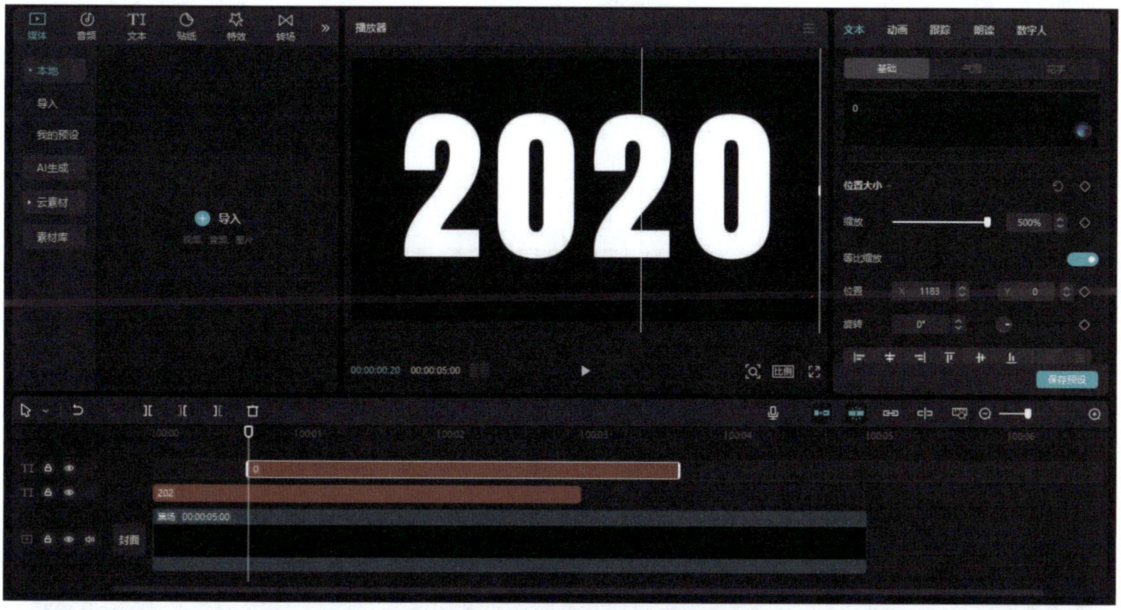

图 7-44　设置年份数字的动态部分

步骤 06 在时间线窗口中拖动上方文本素材的右侧边缘，将“0”文本素材的结束位置调整至00:00:01:02时间点，如图7-45所示。

步骤 07 保持时间轴停留在“0”文本素材的结束位置。复制出一份“0”文本素材，随后在属性调节区中“文本”面板内的“基础”选项卡中将数字“0”修改为“1”，如图7-46所示。

图 7-45　设置文字持续时间

图 7-46　制作第 2 个动态数字

步骤 08 参照上述步骤，在上方文本轨道中继续复制文本素材，并修改数字，得到“0”至“4”共计5段文本素材，如图7-47所示。

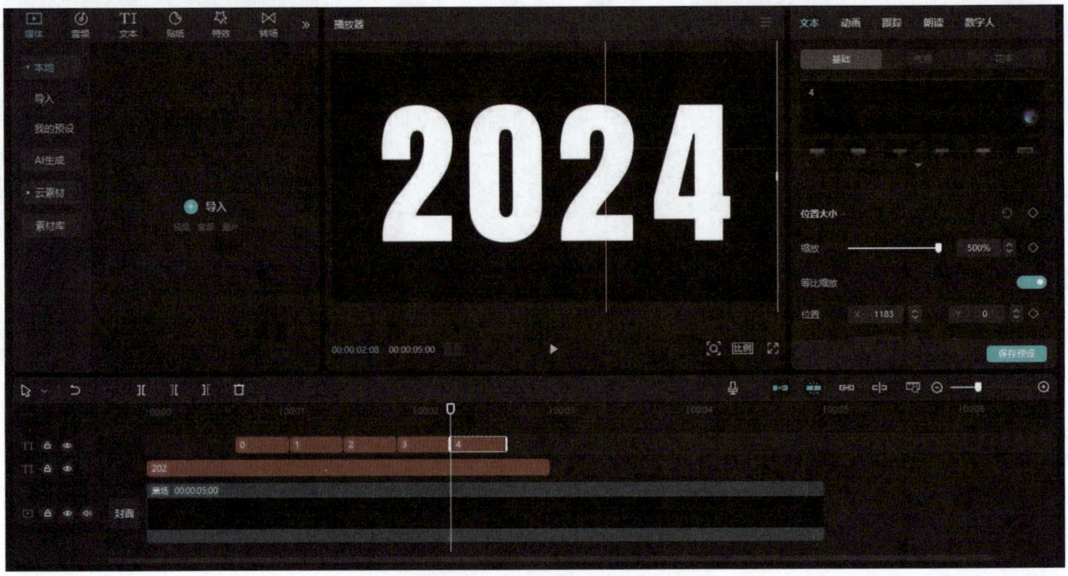

图 7-47　制作剩余动态数字

步骤09 选择“0”文本素材，在属性调节区中打开“动画”面板，在“入场”选项卡中选择“甩出”动画，设置动画时长为“0.1s”，如图7-48所示。

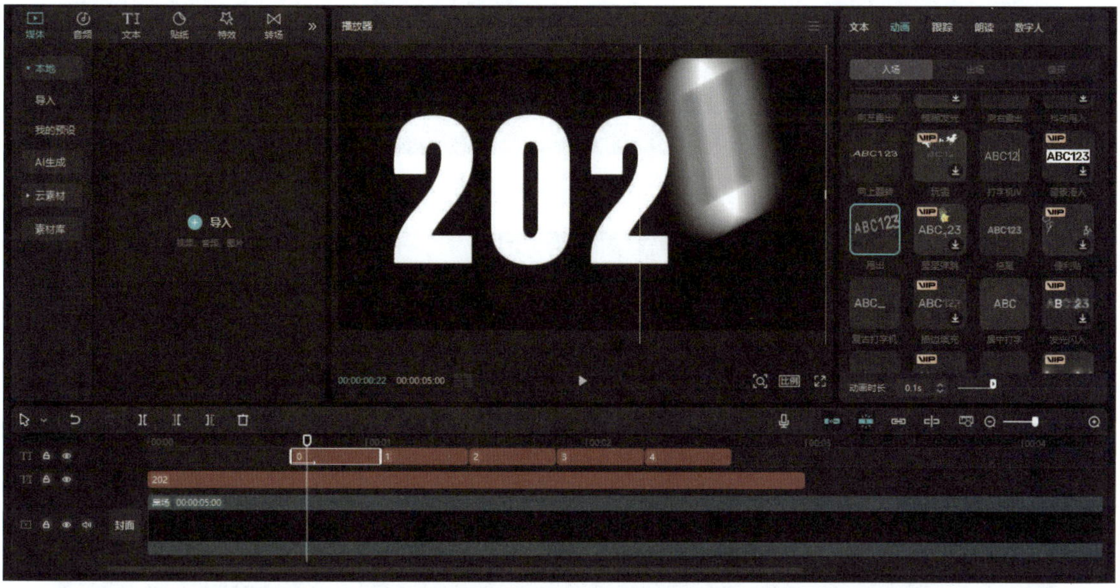

图 7-48　为数字添加入场动画

步骤10 参照上一步骤继续为剩余的1、2、3、4四个数字添加相同的入场动画，如图7-49所示。

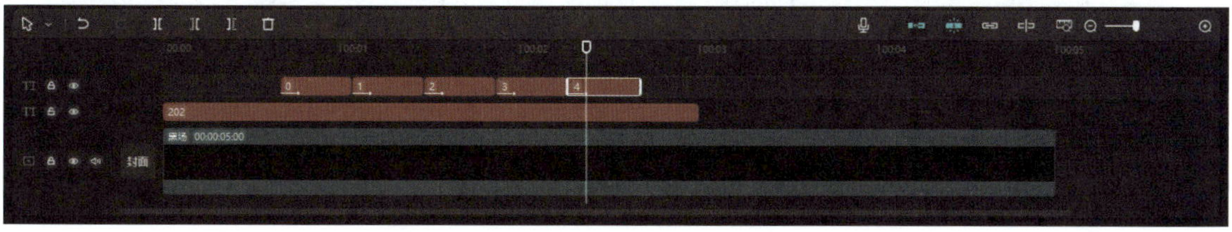

图 7-49　为剩余数字添加入场动画

步骤11 将时间轴移动到00:00:03:00时间点，设置所有轨道中素材的结束之间均与时间轴对齐，如图7-50所示。

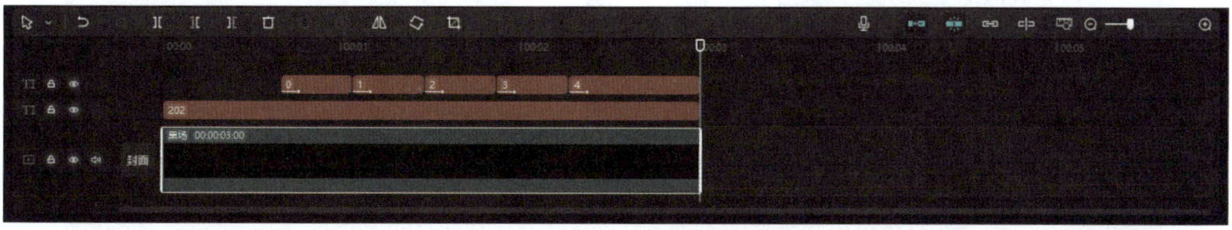

图 7-50　设置入场素材的时长

步骤12 使用鼠标拖选的方式，选中时间线窗口中的所有素材，右击任意素材，在弹出的菜单中选择“新建复合片段”选项，如图7-51所示。

步骤13 选中制作本案例要使用的所有视频素材，并将其拖动至“媒体”面板中的“本地”界面，如图7-52所示。

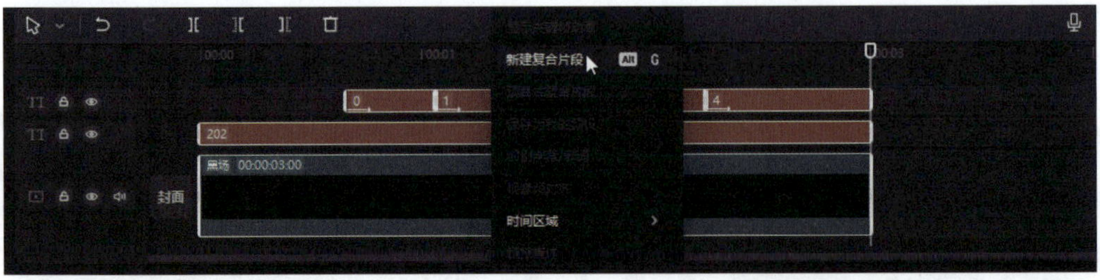

图 7-51　创建复合片段

图 7-52　批量导入素材

步骤 14 将“跳伞1”视频素材添加到轨道中，并调整素材的位置，使“跳伞1”视频素材在主轨道中显示，“复合片段1”在上方轨道中显示，两段素材的开始位置均与轨道最左侧对齐，如图7-53所示。

图 7-53　调整素材叠放层次

步骤15 选中上方轨道中的“复合片段1”，在属性调节区中打开“画面”面板，在“基础”选项卡中设置混合模式为“变暗”，如图7-54所示。

图 7-54 设置混合模式

步骤16 保持“复合片段1”为选中状态，切换到“动画”面板，在“入场”选项卡中选择“动感放大”动画，动画时长保持默认的“0.5s”，如图7-55所示。

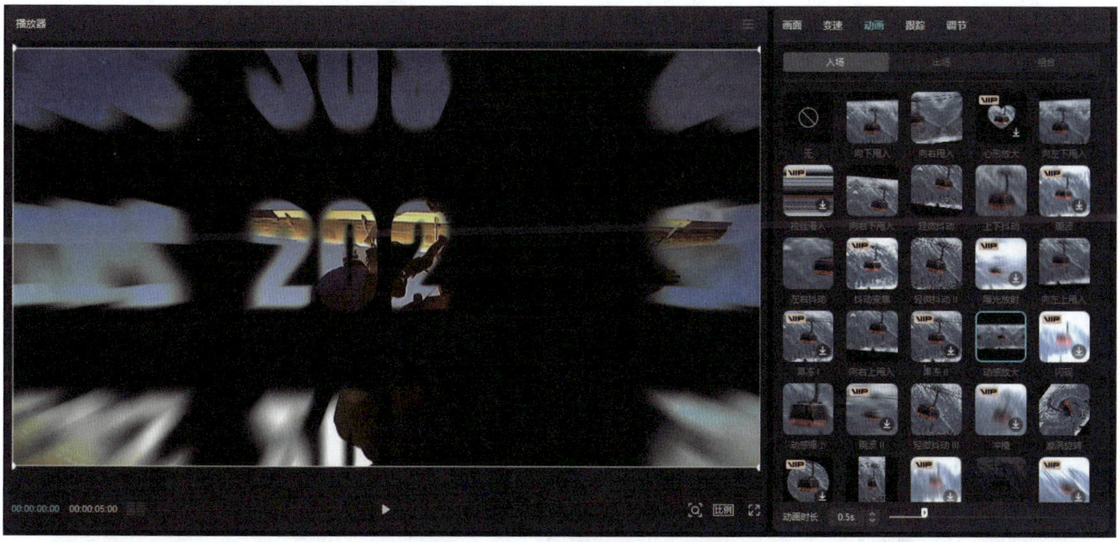

图 7-55 为数字片头添加入场动画

步骤17 将时间轴移动到00:00:02:15时间点，此时画面中出现数字“2024”，在属性调节区中打开“画面”面板，在“基础”选项卡中的“缩放”和“位置”右侧单击“添加关键帧”按钮，如图7-56所示。

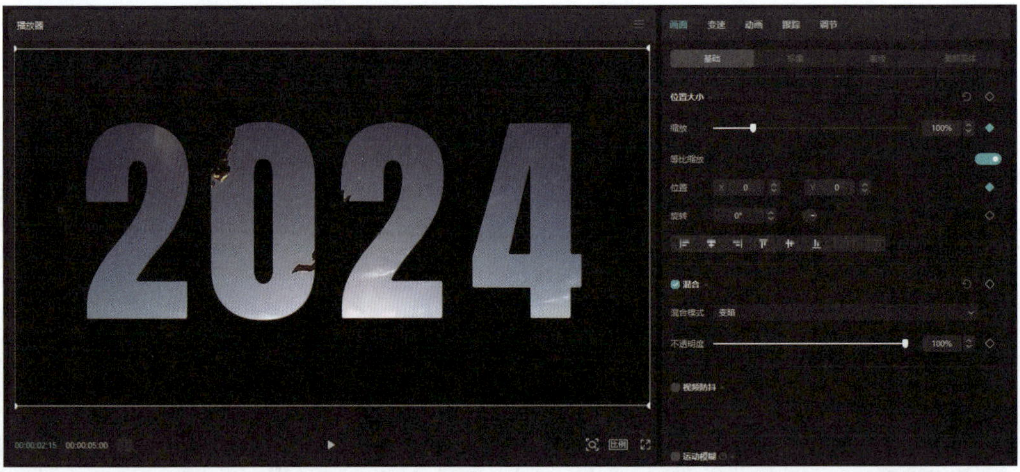

图 7-56 添加“缩放”和“位置”起始关键帧

步骤 18 将时间轴移动至00:00:02:29时间点，将缩放值调整为“1100%”，同时添加关键帧。在播放器窗口中拖动数字，使画面能够穿过数字“4”的空隙完全显示出来，并为位置值添加关键帧，如图7-57所示。

图 7-57 添加“缩放”和“位置”结束关键帧

步骤 19 导入“片头音效”素材，并将该素材添加到音频轨道中，使其开始位置与轨道的最左侧对齐，如图7-58所示。

图 7-58 导入片头音效增强震撼入场效果

■7.4.2 编辑声音和字幕

扫码观看视频

声色并茂的视频更能吸引观众。本例使用剪映内置的“朗读”功能将文案朗读出来，并为视频添加具有动感的字幕。

步骤01 将剩余视频素材全部添加到主轨道中并调整好播放顺序，接下来对每段视频的时长进行裁剪，每段素材的保留时长如图7-59所示。

图 7-59 添加视频素材

步骤02 将时间轴定位于主轨道中任意两段视频的连接处，在媒体素材区中打开“转场”面板，在“转场效果”组中选择“叠化”分类，随后添加“叠化”转场，如图7-60所示。

图 7-60 添加“叠化”转场

步骤03 在属性调节区中的“转场”面板内单击“应用全部”按钮，为主轨道中的所有视频添加“叠化”转场，如图7-61所示。

步骤04 将时间轴定位于00:00:06:00时间点，在媒体素材区中打开“文本”面板，添加“默认文本”素材，如图7-62所示。

步骤05 在属性调节区中“文本”面板内的“基础”选项卡中输入需要朗读的文案，如图7-63所示。

图 7-61　将转场效果应用到全部片段

图 7-62　添加“默认文本”素材

图 7-63　输入文案

步骤06 切换到“朗读”面板，选择“播放旁白”选项，并单击“开始朗读”按钮，如图7-64所示。

图 7-64　朗读文案

步骤07 轨道中随即自动生成人声朗读的音频素材，如图7-65所示。

图 7-65　生成音频素材

步骤08 试听朗读的音频，在工具栏中单击“分割”按钮，从合适的位置对音频进行分割，并调整好每段声音的位置，如图7-66所示。

图 7-66　调整声音停顿的时间

步骤09 将时间轴定位于00:00:06:07时间点，添加“默认文本”素材，如图7-67所示。

图 7-67　添加默认文本素材

步骤 10 在属性调节区中“文本”面板内的“基础”选项卡中输入文字，设置字体为“烈金体”，设置缩放值为“120%”，设置位置的X值为“-360”，如图7-68所示。

图 7-68　设置文字效果

步骤 11 切换到“动画”面板，设置入场动画为“冲屏位移”，动画时长为“0.5s”，如图7-69所示。

图 7-69　添加入场动画

步骤12 将时间轴定位于00:00:06:21时间点，添加“默认文本”素材，如图7-70所示。

图 7-70　添加默认文本素材

步骤13 在媒体素材区中的“文本”面板中输入文本内容，设置字体为“烈金体”，设置缩放值为“120%”，设置位置的X值为“400”，如图7-71所示。

步骤14 切换到“动画”面板，在“入场”选项卡中选择“拖尾”动画，设置动画时长为“0.4s”，如图7-72所示。

步骤15 将时间轴定位于00:00:07:05时间点，对文本素材进行裁剪，使两段文本素材的结束位置均与时间轴对齐，如图7-73所示。

图 7-71　设置文本效果

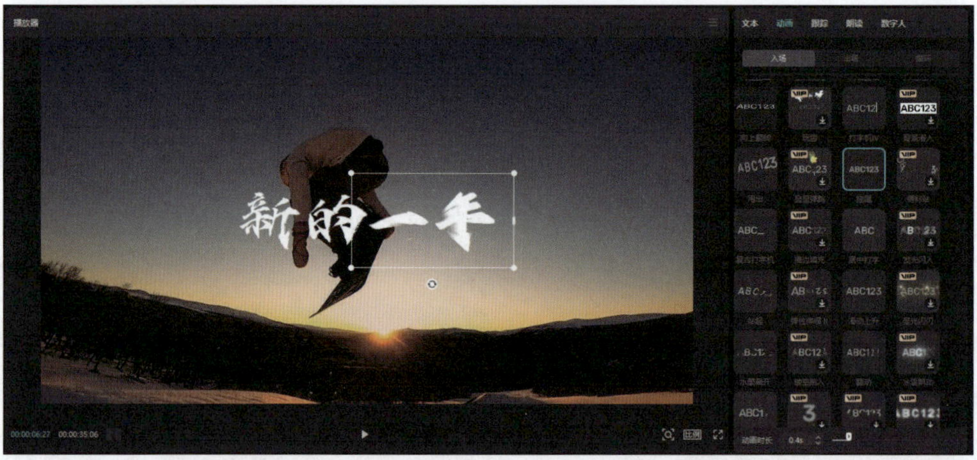

图 7-72　添加入场动画

图 7-73　设置文本持续时间

步骤16 参照上述步骤，继续在合适的位置添加文本素材，并设置好文本的样式及动画效果，如图7-74所示。

图 7-74 完成字幕的制作

7.4.3 制作片尾文字动画

为视频片尾添加文字动画，可以增强视频的完整性和专业性。片尾字幕的内容可以是励志的语言，或视频制作者的相关信息等。

扫码观看视频

步骤01 选中主轨道中的最后一段视频素材，将时间轴移动到该素材的结束位置，在工具栏中单击“定格”按钮，创建一段时长为3 s的定格画面，如图7-75所示。

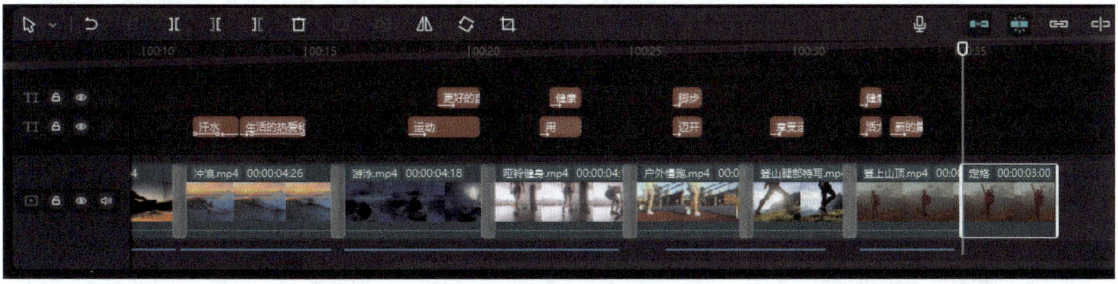

图 7-75 定格画面

步骤02 将时间轴移动到00:00:34:03时间点，在媒体素材区中打开“文本”面板，添加“默认文本”素材，如图7-76所示。设置文本素材的结束时间至00:00:37:12时间点。

步骤03 保持刚添加的文本素材为选中状态，在媒体素材区中打开“文本”面板，在“基础”选项卡中输入大写的“一”字，设置字体为“细体”、缩放值为“205%”，如图7-77所示。

图 7-76 添加“默认文本”素材

图 7-77 设置字体格式自作横线图标

步骤04 在播放器窗口中拖动选中按钮，将图标旋转90°，设置为垂直显示，如图7-78所示。

步骤05 打开“动画”面板，在“入场”选项卡中选择“开幕”动画，设置动画时长为“1.0s”，如图7-79所示。

步骤06 切换到“出场”选项卡，选择“渐隐”动画，设置动画时长为“0.5s”，如图7-80所示。

图 7-78　设置图标垂直显示

图 7-79　为图标添加入场动画

图 7-80　为图标添加出场动画

步骤07 在0:00:34:27时间点添加默认文本素材，输入文本“运动”，设置字体为“渔阳体”，字间距为“2”，设置缩放值为“140%”，设置位置的*X*值为“-617”，如图7-81所示。

图 7-81　设置图标左侧文本样式

步骤08 切换到“动画”面板，在“入场”选项卡中选择“向左漏出”动画，设置动画时长为“1.5s”，如图7-82所示。

图 7-82　设置文本入场动画

步骤09 切换至“出场”选项卡，选择“向右擦除”动画，设置动画时长为“0.5s”，如图7-83所示。

步骤10 在0:00:34:27时间点添加默认文本素材，输入文本“运动是生命的旋律”，设置字体为“鸿蒙体”，字间距为“1”，设置缩放值为“40%”，设置位置的*X*值为“477”、*Y*值为“134”，如图7-84所示。

步骤11 打开“动画”面板，在“入场”选项卡中选择“向右漏出”动画，设置动画时长为“1.5s”，如图7-85所示。

图 7-83 设置文本出场动画

图 7-84 设置图标右侧文字样式

图 7-85 为文本设置入场动画

步骤12 切换到“出场”选项卡，选择“向左擦除”动画，设置动画时长为“0.5s”，如图7-86所示。

图 7-86　为文本设置出场动画

步骤13 复制第2段文本素材，修改文本内容，并调整好文字在画面中的位置。最后为视频添加背景音乐，至此完成操作，如图7-87所示。

图 7-87　制作第 3 段文本素材

步骤 14 预览视频，查看运动宣传短视频的制作效果，如图7-88所示。

图 7-88 预览视频

微信扫码

☑AI短视频剪辑师

☑配套伴学资源

☑拍摄技巧分享

☑剪辑指导精讲

微信扫码

AI短视频剪辑师
配套伴学资源
拍摄技巧分享
剪辑指导精讲

模块 8

字幕的添加和编辑

内容概要

为短视频添加字幕的优点非常明显，字幕能够帮助用户更好地理解视频内容，增强视频的观赏体验，满足不同观众的需求。因此，在制作视频时，合理使用字幕功能可以大大提高视频的质量和效果。本模块将对字幕的添加和编辑进行详细介绍。

数字资源

【本模块素材】："素材文件\模块8"目录下

8.1 创建基础字幕

剪映支持创建基础字幕、使用花字创建字幕、使用文字模板创建字幕等。下面介绍如何创建基础字幕，并设置字幕样式、位置大小和效果等。

■8.1.1 创建基础字幕

用户可以使用默认文本素材为视频添加字幕。在时间线窗口中，首先将时间轴移动到需要添加字幕的时间点，然后在媒体素材区中打开“文本”面板。接下来在“新建文本”界面中单击“默认文本”上方的按钮，时间线窗口中随即自动添加文本轨道，并在时间轴所在位置插入文本素材，如图8-1所示。

图 8-1 添加默认文本素材

保持文本素材为选中状态，在属性调节区中打开“文本”面板，在“基础”选项卡顶部的文本框中输入字幕内容，如图8-2所示。

图 8-2 输入字幕内容

■8.1.2　设置字幕样式和位置大小

添加字幕后，可以通过“文本”面板内“基础”选项卡中提供的各项参数对文本的字体、字号、样式、颜色、字间距、行间距、对齐方式等进行设置，并适当调整字幕的大小和位置。

保持文本素材为选中状态，在“文本”面板中的“基础”选项卡内设置字体为“兼葭体”，颜色的Hex值为“EDC65D”，字间距为“2”，如图8-3所示。

图 8-3　设置字体样式

在“文本”面板中设置“缩放”值，或在播放器窗口中将光标移动到字幕文本框的任意一个边角位置的控制点上，当光标变成双向箭头时，按住鼠标左键进行拖动，可以缩放字幕，如图8-4所示。

图 8-4　缩放字幕

在“文本”面板中设置位置的X值和Y值，或将光标移动到字幕文本上方，按住鼠标左键进行拖动，可以将字幕移动到合适的位置，如图8-5所示。

图 8-5　移动字幕位置

在时间线窗口中将光标移动到文本素材的右侧边缘位置，当光标变为形状时，按住鼠标左键进行拖动，可以调整字幕的持续时间，如图8-6所示。

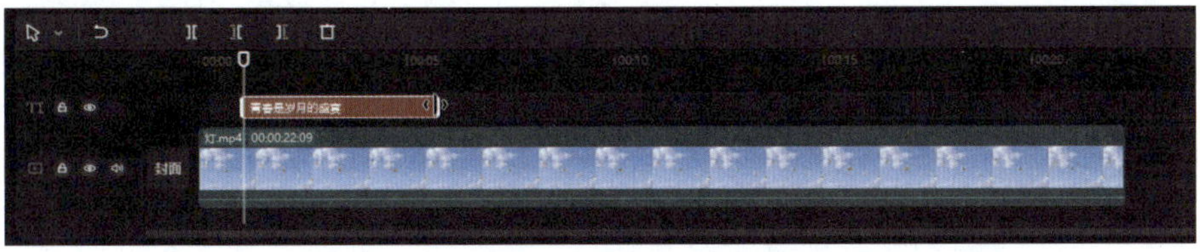

图 8-6　设置字幕持续时间

■8.1.3　设置字幕效果

为了让字幕更易读，可为字幕添加描边、阴影、背景等效果。在轨道中选择字幕素材，在属性调节区中打开“文本”面板，在“基础”选项卡中勾选“描边”复选，字幕将自动添加黑色的描边。单击“颜色”下拉按钮，在展开的颜色菜单中可以重新选择描边颜色，如图8-7所示。

图 8-7　为字幕添加描边

拖动“粗细”滑块，可以调整描边的粗细，如图8-8所示。

图 8-8　调整描边粗细

勾选“阴影”复选框，选择好阴影的颜色，并对不透明度、模糊度、距离和角度等参数进行调整，可以为字幕添加阴影，如图8-9所示。

图 8-9　为字幕添加阴影

■8.1.4　快速复制字幕

制作好一段字幕后，可以复制字幕并修改文字，以便快速生成更多的字幕。在时间线窗口的文本轨道中选择第1段制作完成的字幕，按Ctrl+C组合键进行复制，随后移动时间轴定位到下一段字幕的开始时间，按Ctrl+V组合键进行粘贴，字幕随即被粘贴到时间轴位置，如图8-10所示。

图 8-10 复制字幕

保持第2段字幕素材为选中状态，在属性调节区中打开“文本”面板，在“基础”选项卡中的文本框内，修改字幕内容即可完成该字幕的制作，如图8-11所示。参照上述方法还可以继续复制并修改文本内容，以制作出更多字幕。

图 8-11 修改字幕内容

字幕制作完成后，预览视频，查看字幕效果，如图8-12所示。

图 8-12 查看字幕效果

■8.1.5 使用预设样式

用户可以使用预设样式快速改变字幕的颜色、为文字添加描边或为文本框添加背景等。

在属性调节区的“文本”面板中打开“基础”选项卡，找到“预设样式”组，单击其下方的“展开”按钮，展开所有预设样式。单击其中一个预设样式按钮，所选字幕即可应用该样式，如图8-13所示。

图 8-13 为字幕使用预设样式

■8.1.6 制作竖排文字

竖排文字是一种常见的字幕形式，在剪映中设置文字的对齐方式可以将文字变为竖排显示。其具体操作方法如下：

将时间轴定位于需要添加字幕的时间点，在媒体素材区中打开“文本”面板，添加“默认文本”素材。随后在属性调节区中“文本”面板内的“基础”选项卡中输入文字，并设置好字体，如图8-14所示。

图 8-14　添加字幕

在“文本”面板中选择一种垂直对齐方式，将字幕设置为垂直显示，随后适当缩放字幕，如图8-15所示。

图 8-15　设置字幕垂直显示

为了让字幕更清晰更好辨认，可以为字幕添加背景。在当前面板中勾选“背景”复选框，选择好背景的颜色，并适当设置不透明度、圆角、高度、宽度等参数即可，如图8-16所示。

图 8-16　为字幕添加背景

■8.1.7　制作弯曲文字

剪映的文字弯曲功能可以制作更富动态感和视觉冲击力的文字特效，使文字与视频内容更好地融合，提升视频的视觉效果和观感。下面介绍弯曲文字的制作方法。

首先在时间线窗口中定位好时间轴，添加默认文本素材，如图8-17所示。

图 8-17　添加默认文本素材

接下来在属性调节区中“文本”面板的“基础”选项卡内选择一个合适的字体，设置字间距为“2”，为字体添加一个预设样式，如图8-18所示。

在播放器窗口中拖动字幕文本框任意边角位置的圆形控制点，或在面板中设置“缩放参数”，适当缩放字幕，如图8-19所示。

图 8-18　设置字幕样式

图 8-19　缩放字幕

在当前面板中勾选“弯曲”复选框，文本框中的文字随即自动变成弯曲显示，调整“弯曲程度”值，使字幕的弯曲程度与贝壳的弧度相匹配，如图8-20所示。

图 8-20　为字幕添加弯曲效果

在播放器窗口中拖动按钮，将字幕旋转至适当角度，如图8-21所示。最后，将字幕拖动到贝壳外侧，使字幕与贝壳的边缘相贴合即可，如图8-22所示。

图 8-21　旋转字幕

图 8-22　将字幕贴合贝壳边缘

■8.1.8　为字幕添加动画

为视频中的字幕添加动画能够提升视频的观赏体验、视觉效果和信息传达效果。动态的字幕不仅能够吸引观众的注意力，还能够帮助他们更容易理解视频的内容和主题。

在轨道中选择文本素材，在属性调节区中打开“动画”面板，并打开“入场”选项卡，选择“羽化向右擦开”动画，如图8-23所示。

图 8-23　添加入场动画

拖动面板下方的“动画时长”滑块，设置动画时长为“2.5s”，如图8-24所示。

切换到“出场”选项卡，选择“向上溶解”动画，设置动画时长为“0.8s”，如图8-25所示。

字幕动画设置完成后，预览视频，查看动画的播放效果，如图8-26所示。

图 8-24　设置动画时长

图 8-25　添加出场动画

图 8-26　查看字幕动画效果

8.2 制作创意字幕

剪映提供了众多花字和文字模板，它们可以帮助用户快速创建漂亮又专业的文字效果，从而提升视频的视觉效果和观感。

8.2.1 使用文字气泡

剪映中的文字气泡功能可以让字幕以气泡的形式呈现，以使字幕更具有动态感和视觉冲击力。此外，用户还可以修改气泡的文字内容和颜色，以达到更好的效果。

在剪映中添加默认文本素材，输入文本，设置好字体，将字幕适当放大，如图8-27所示。

图 8-27 添加字幕

保持字幕素材为选中状态，在属性调节区中的“文本”面板内打开“气泡”选项卡，选择一个合适的气泡，所选字幕随即会应用该气泡，如图8-28所示。

图 8-28 应用气泡

■8.2.2 添加花字

花字是一种文字特效。通过使用花字，可以增强视频的视觉效果和吸引力。剪映中的花字效果非常丰富，用户可以根据不同的需求选择不同的花字样式，让文字更加醒目、生动、有趣。下面介绍花字的添加方法。

在时间线窗口中定位好时间轴，在媒体素材区中打开“文本”面板，在左侧导航栏中打开“花字”分组，选择“黄色”分类，在需要使用的花字上方单击按钮，将该花字素材添加到文本轨道中，如图8-29所示。

图 8-29　添加花字

保持花字素材为选中状态，在属性调节区中的“文本”面板中打开“基础”选项卡，输入文本内容，设置字体为“烈金体”，适当增大缩放值，放大花字，如图8-30所示。

图 8-30　设置花字样式

添加花字后，还可以更改花字的类型。保持花字素材为选中状态，在属性调节区中的“文本”面板内打开“花字”选项卡，单击某个花字，花字素材即可快速更改为该花字类型，如图8-31所示。

图 8-31　设置花字样式

为视频添加不同类型花字的效果如图8-32和图8-33所示。

图 8-32　花字效果 1

图 8-33　花字效果 2

■ 8.2.3　文字模板的应用

剪映为视频创作者提供了海量的文字模板，这些模板不仅被设定好了创意十足的文字样式，而且大部分文字模板还自带动画效果，用户可以根据需要修改模板中的文本内容，快速获得高质量的字幕。下面介绍文字模板的使用方法。

在时间线窗口中定位好光标，在素材区中打开“文本”面板，单击“文字模板”按钮，展开所有文字模板分类。此处选择“简约”分类，在打开的界面中找到想要使用的文字模板，单击按钮，将其添加到文本轨道中，如图8-34所示。

图 8-34 添加文字模板

在轨道中拖动文字模板素材的右侧边缘，设置其结束时间与下方视频的结束时间相同，如图8-35所示。

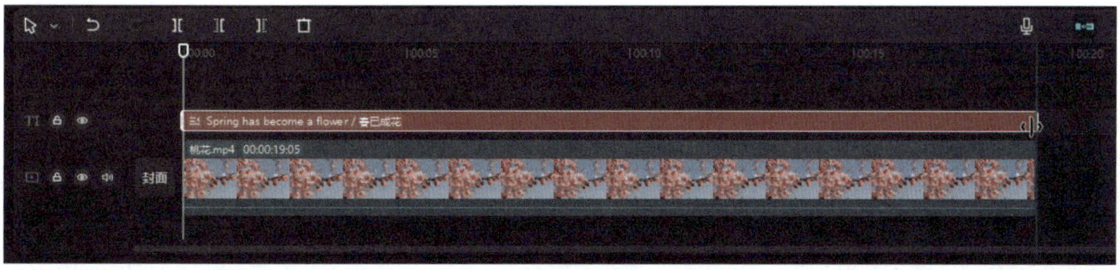

图 8-35 设置模板时长

保持模板文本素材为选中状态，在功能区中打开“文本”面板，在“基础”选项卡中可以对模板中的文字进行修改，如图8-36所示。

图 8-36 修改文字模板

文字模板添加完成后，预览视频，查看文字模板创建字幕的效果，如图8-37所示。

图 8-37　查看文字模板效果

8.3　字幕的智能识别

剪映中包含了很多智能的文字处理工具，包括根据声音智能识别字幕或歌词、根据音频自动将文稿匹配到对应的位置、智能朗读文本等。

■8.3.1　识别字幕或歌词

剪映的“识别字幕/歌词”功能可以识别视频中的人声，并自动生成字幕。下面介绍其具体操作方法。

首先，将包含声音的视频素材导入剪映，并将素材添加到轨道中。在轨道中右击视频素材，在弹出的菜单中选择“识别字幕/歌词”选项，如图8-38所示。

图 8-38　执行“识别字幕 / 歌词”命令

剪映随即开始识别所选视频中的人声，识别完成后会自动生成字幕，字幕的位置将与声音的位置相匹配。在属性调节区中的“文本”面板内，可以对字幕的字体以及样式进行设置，如图8-39所示。

图 8-39 设置字幕样式

字幕提取成功后，预览视频，查看自动识别字幕的效果，如图8-40所示。

图 8-40 查看自动识别字幕的效果

■8.3.2 文稿匹配

“文稿匹配”可以根据用户输入的文稿自动匹配视频中的人声，并生成相应的字幕。此功能可以对字幕的样式、颜色、大小、位置等进行修改，从而使字幕更加符合自己的需求和设计风格。

将视频添加到轨道中，在素材区中打开“文本”面板，单击“智能字幕”按钮，在打开的界面中单击“文稿匹配”选项中的“开始匹配”按钮，如图8-41所示。

打开“输入文稿”对话框，将字幕输入该对话框中。单击“开始匹配”按钮，如图8-42所示，剪映随即开始自动识别字幕。

字幕识别完成后，时间线窗口中会自动生成文本轨道，生成的字幕和视频中的人声完美匹配。用户可以在属性调节区中的“文本”面板中对字幕的样式、位置、大小等进行统一调整，如图8-43所示。

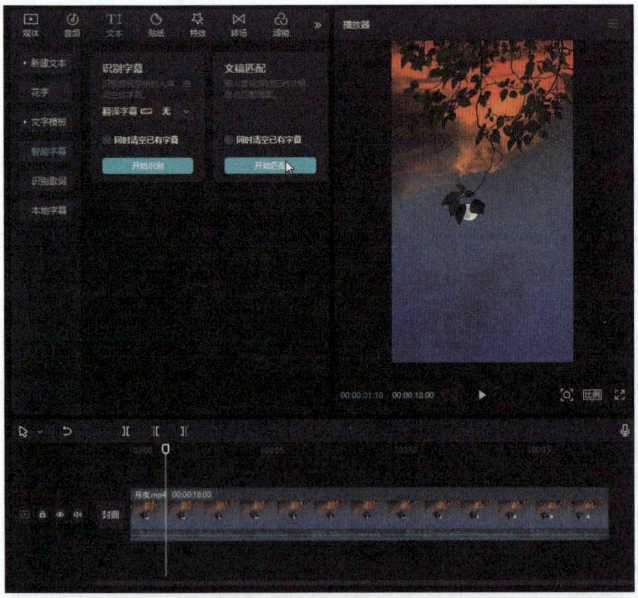

图 8-41　执行“文稿匹配”命令

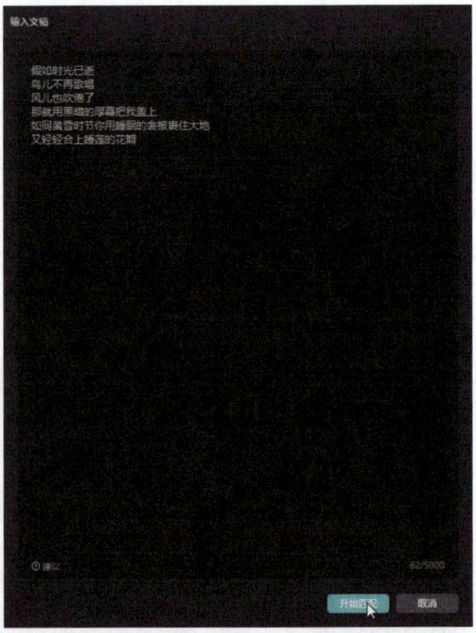

图 8-42　开始匹配字幕

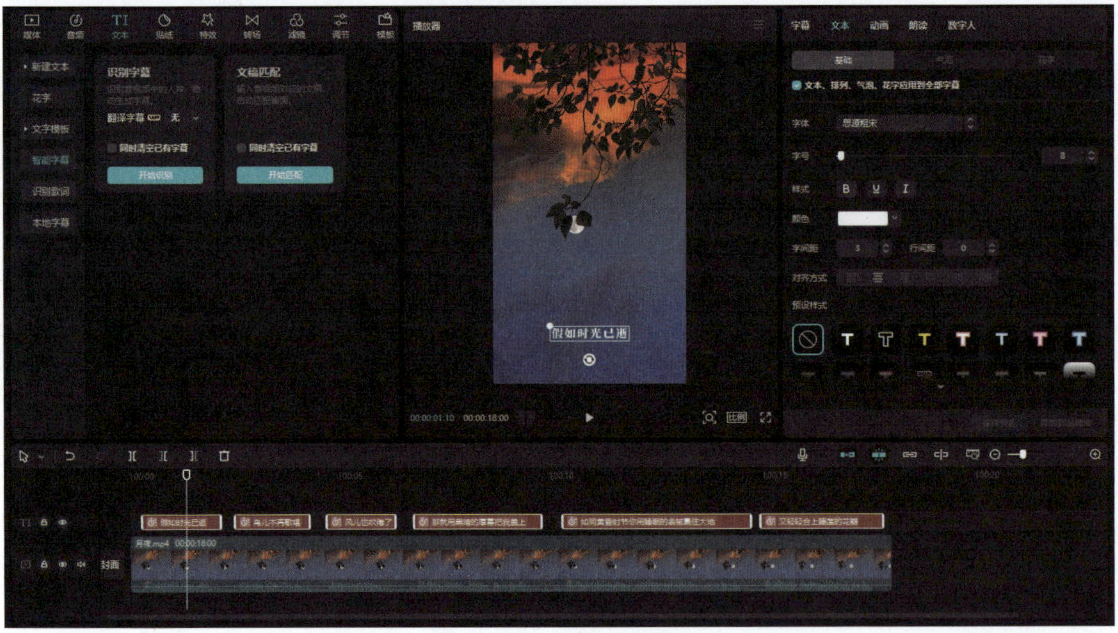

图 8-43　设置字幕属性

在属性调节区中打开“字幕”面板，若字幕中存在错别字或某条字幕中的内容太多，可以在该面板中进行修改。例如，第5段字幕的内容过多，此处可以将该字幕分成两条，将光标定位于需要分割的文字之后，如图8-44所示。按下Enter键，光标之后的内容即可被转换成一条单独的字幕，如图8-45所示。

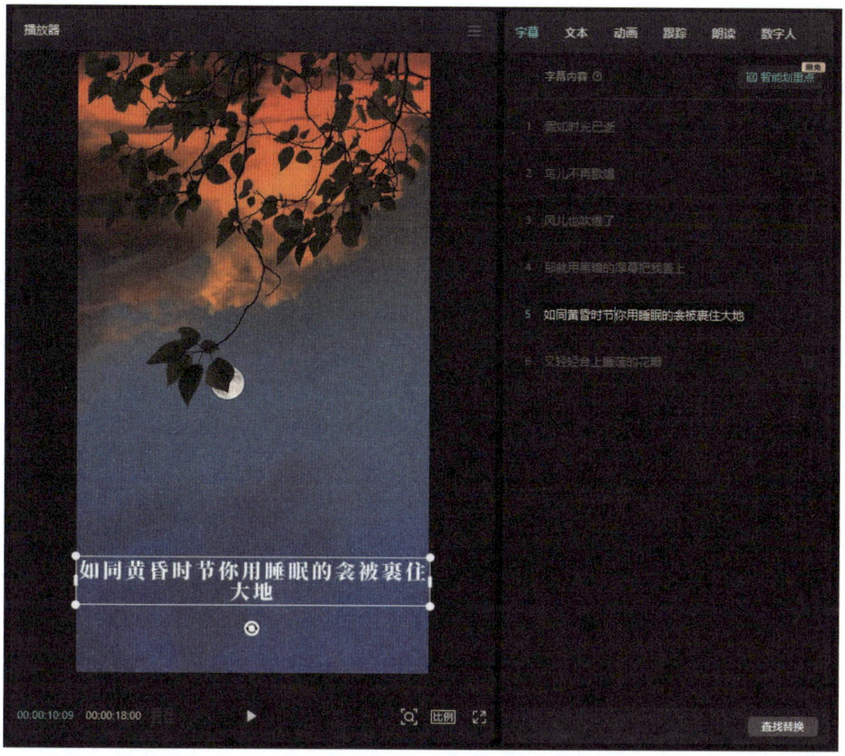

图 8-44　查看字幕

图 8-45　分割字幕

使用文稿匹配制作字幕后，预览视频，查看自动生成的字幕效果，如图8-46所示。

图 8-46　查看字幕效果

■8.3.3　朗读文本

剪映的文本朗读功能可以将字幕以语音的形式呈现出来，而且有多种音色选择，视频创作者可以根据不同的需求选择合适的声音来为文字配音。下面介绍其具体操作方法。

将视频添加到轨道中，随后创建字幕。选择需要朗读的字幕，在属性调节区中打开“朗读”面板，在不同声音选项上单击可以试听声音效果。此处选择“心灵鸡汤”选项，单击“开始朗读”按钮，如图8-47所示。

图 8-47　朗读字幕

所选字幕随即自动生成由对应声音朗读的音频，生成的音频素材会自动与字幕位置相匹配，如图8-48所示。

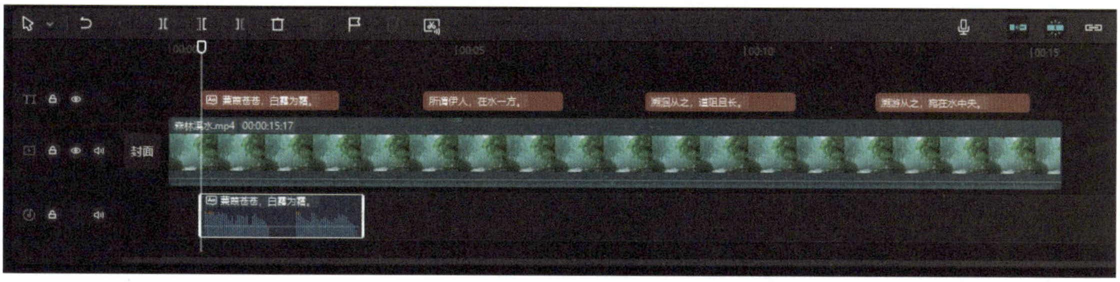

图 8-48　生成音频素材

用户也可以对字幕进行批量朗读。在轨道中，拖动鼠标框选多段字幕素材并将这些字幕素材同时选中，在“朗读”面板中选择要使用的声音，单击“开始朗读”按钮，如图8-49所示，即可批量朗读字幕，如图8-50所示。

图 8-49　执行批量朗读文本操作

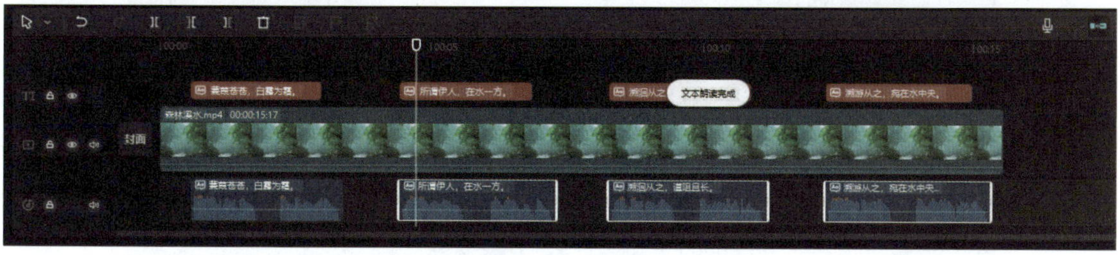

图 8-50　批量朗读字幕

8.4 案例实战：制作美食Vlog短视频

美食类短视频是一种以美食为主题，通过视觉呈现、互动性、主题明确和创意性强等特点来吸引观众的短视频类型。观众可以通过评论、点赞、转发等方式与博主进行互动，参与到美食的制作和分享中来，感受美食文化的魅力。

■8.4.1 视频素材粗剪

扫码观看视频

准备好制作短视频的素材后，需要先对这些素材进行粗剪，粗剪的内容包括素材播放顺序的调整、素材时长的调整、播放速度的调整等。

步骤01 启动剪映，并打开创作界面，将制作视频所需的所有视频素材拖动到媒体面板中的“本地”界面内，如图8-51所示。

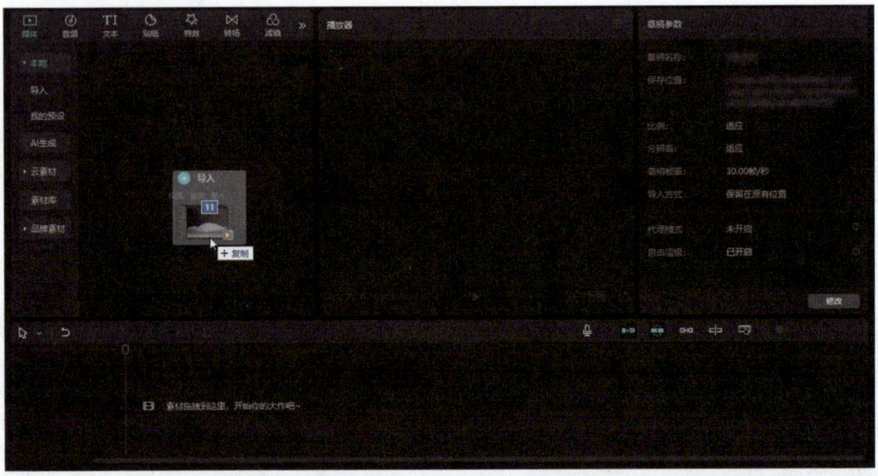

图 8-51 批量导入素材

步骤02 将所有素材添加到主轨道中，调整好素材的播放顺序，并对视频素材进行裁剪，使每个镜头的衔接更自然，如图8-52所示。

图 8-52 整理素材

步骤 03 选择第1段视频素材，在媒体素材区中打开“变速”面板，在“常规变速”选项卡中设置倍数为“3.5x”，如图8-53所示。

图 8-53 设置第 1 段素材变速

步骤 04 参照上一步骤，继续为其他视频素材设置变速（“月饼制作9”素材为5倍速，其他素材均为2倍速），如图8-54所示。

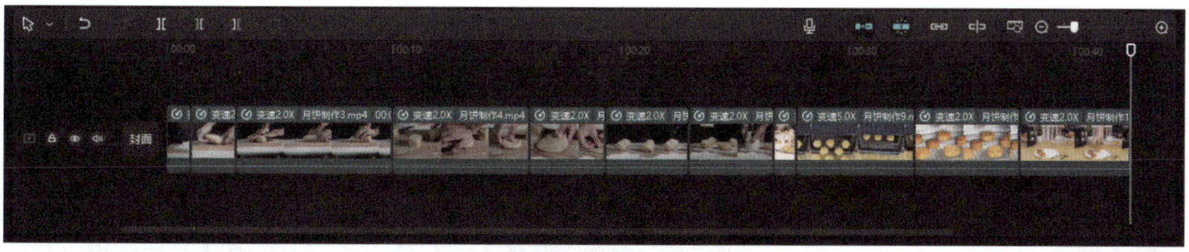

图 8-54 设置其他素材变速

步骤 05 在播放器窗口右下角单击“比例”按钮，在展开的列表中选择“9:16（抖音）”选项，如图8-55所示。

步骤 06 当前视频随即应用所选比例，变为竖版，如图8-56所示。

图 8-55 选择视频比例

图 8-56 视频比例被设置为竖版

步骤07 选择主轨道中的任意一段视频素材，在属性调节区中打开“画面”面板，在“基础”选项卡中勾选“背景填充”复选框，选择“模糊”背景，如图8-57所示。

图 8-57　选择“模糊”背景

步骤08 选择一个合适的模糊程度，单击“全部应用”按钮，为主轨道中的所有视频素材全部应用相同的填充效果，如图8-58所示。

图 8-58　将背景效果应用到所有视频

■8.4.2　制作视频片头

本例使用现有视频素材制作片头，片头中可以使用花字、贴纸等素材进行装饰。

扫码观看视频

步骤01 在主轨道中选择“月饼制作10”素材，随后依次按Ctrl+C和Ctrl+V组合键复制该素材，如图8-59所示。

图 8-59　复制素材

步骤02 将复制的视频素材拖动到主轨道中所有素材的最左侧，作为视频的片头使用，如图8-60所示。

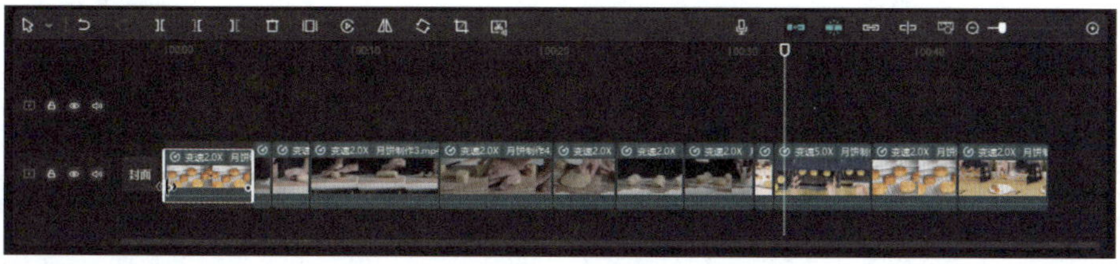

图 8-60　移动素材

步骤03 裁剪片头素材，使其结束时间点位于00:00:01:25，如图8-61所示。

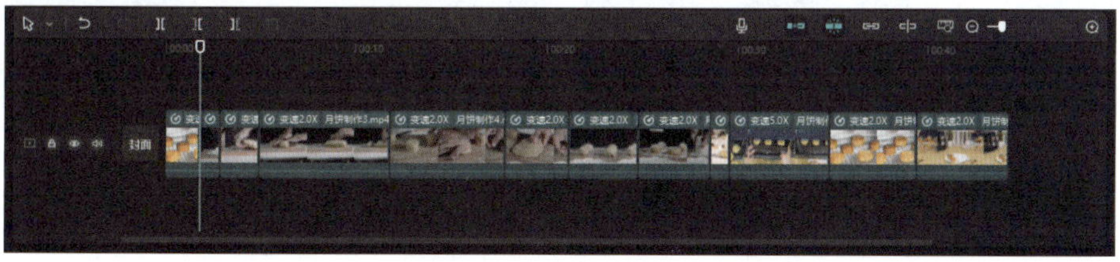

图 8-61　设置片头时长

步骤04 将时间轴定位于轨道的最左侧，在媒体素材区中打开“文本”面板，在“花字”组中的“黄色”分类中选择一个合适的花字素材，如图8-62所示。

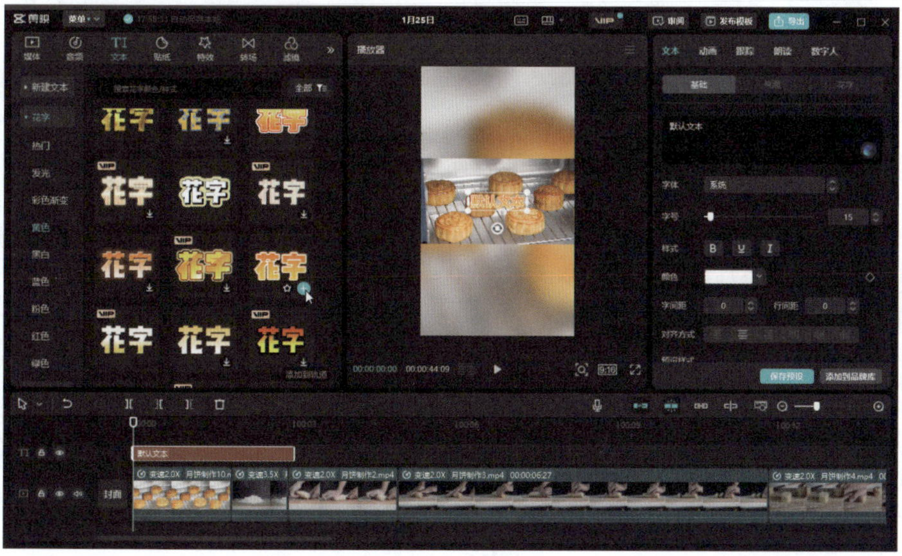

图 8-62　添加花字

步骤05 保持花字素材为选中状态，在属性调节区中打开“文本”面板，在“基础”选项卡中输入文本，设置字体为“江户招牌”，设置缩放值为“105%”，设置位置的Y值为“1527”，如图8-63所示。

步骤06 继续添加一个新的花字素材，输入文本，设置字体为“抖音美好体”，字间距为“1”，设置缩放值为“72%”，设置位置的Y值为“1200”，如图8-64所示。随后将两段花字素材的结束位置设置为与片头素材的结束位置对齐。

图 8-63　设置封面标题

图 8-64　设置副标题

步骤07 在媒体素材区中打开“贴纸”面板，在“贴纸素材”界面中搜索“中秋”，添加合适的贴纸素材，如图8-65所示。将贴纸素材的结束位置设置为与片头素材的结束位置对齐。

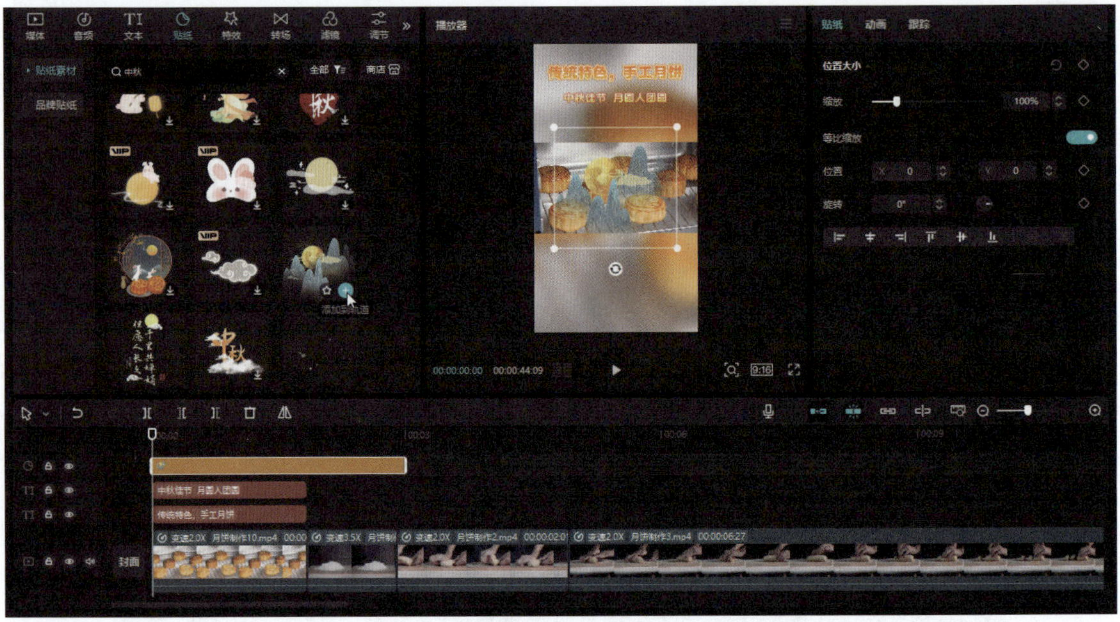

图 8-65　添加贴纸

步骤08 调整好贴纸的大小和位置，如图8-66所示。随后继续添加贴纸，对片头进行美化，如图8-67所示。

图 8-66 调整贴纸大小和位置

图 8-67 添加其他贴纸

步骤09 选中主轨道中的片头视频以及其上方轨道中的花字和贴纸素材，右击选中的素材，在弹出的菜单中选择“新建复合片段”选项，如图8-68所示。

步骤10 所选素材随即被创建为“复合片段1”，至此完成视频片头的制作，如图8-69所示。

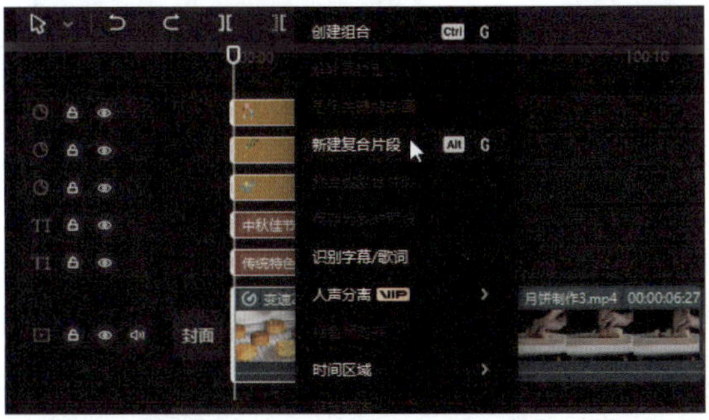

图 8-68 新建复合片段

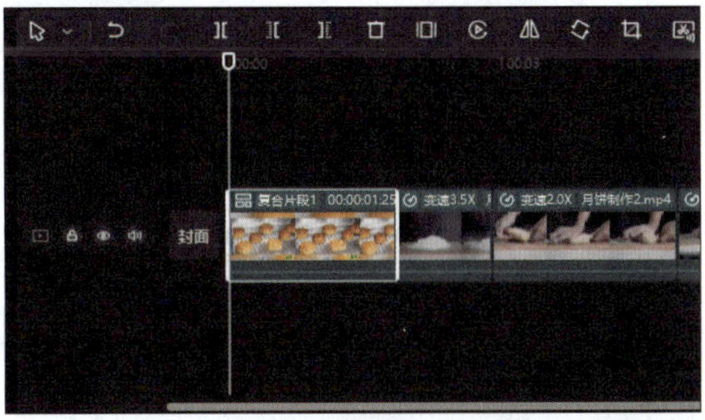

图 8-69 完成视频片头的制作

■8.4.3 制作字幕和人声

美食的制作步骤需要配以人声说明以及对应的字幕。下面为视频配字幕以及人声。

扫码观看视频

步骤01 将时间轴移动到00:00:01:25时间点，在媒体素材区中打开“文本”面板，在“花字”组中的“热门”分类内选择一个白色的花字，如图8-70所示。

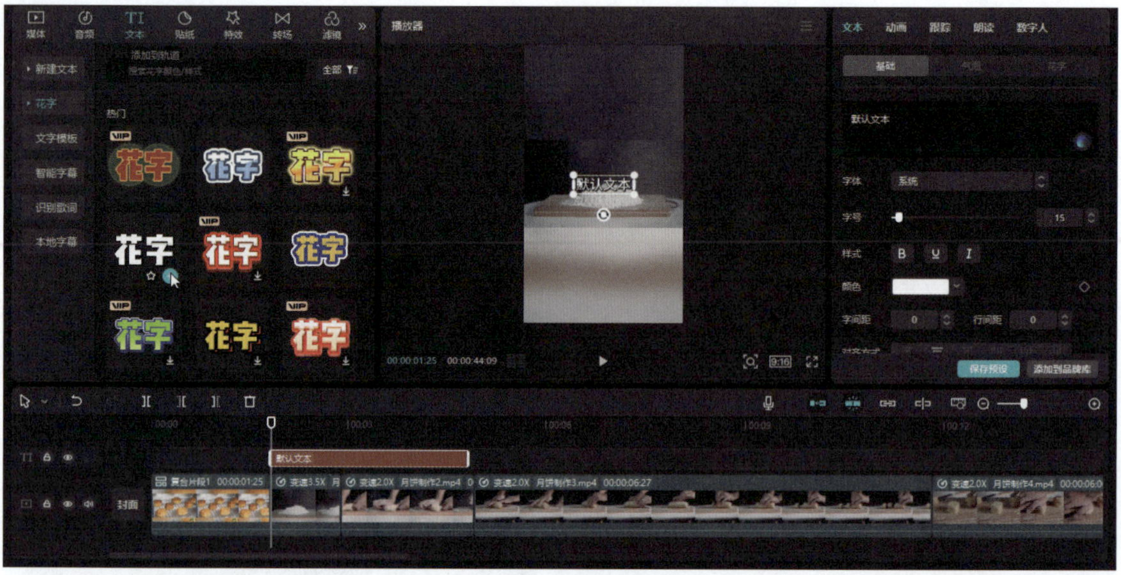

图 8-70　添加花字

步骤02 保持花字素材为选中状态，在属性调节区中打开“文本”面板，在“基础”选项卡中输入文字，设置字体为“优设标题”，设置缩放值为“110%”，设置位置的Y值为“-890”，如图8-71所示。

图 8-71　设置字样式和位置大小 1

步骤03 在时间线窗口中，拖动花字素材的右侧边缘使其结束位置与主轨道中的第5段素材的结束位置对齐。随后复制花字素材，修改文本，调整好结束位置，如图8-72所示。

图 8-72　设置字样式和位置大小 2

步骤 04 将时间轴移动到00:00:02:00时间点，添加默认文本素材，在属性调节区中的“文本”面板内输入文本，设置字体为“唐瑜体”、缩放值为“55%”、位置的*Y*值为“−520”，如图8-73所示。

图 8-73　设置字样式和位置大小 3

步骤 05 勾选“描边”复选框，设置粗细为“15”，如图8-74所示。

图 8-74　设置字样式和位置大小 4

步骤 06 参照上述步骤，继续根据视频中美食的制作过程，在合适的位置添加字幕，如图8-75所示。

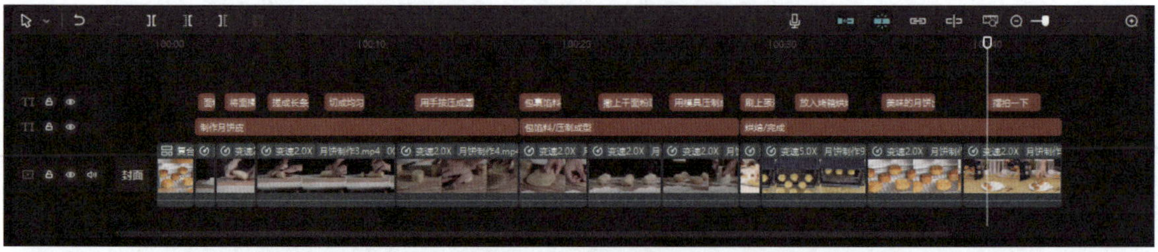

图 8-75　制作剩余字幕

步骤 07 在时间线窗口中，使用鼠标拖动的方法选中所有字幕，在属性调节区中打开“朗读”面板，选择“东北老铁”声音，单击“开始朗读”按钮，如图8-76所示。

图 8-76　批量朗读文本

步骤 08 朗读完成后，时间线窗口中随即根据字幕自动生成音频，如图8-77所示。

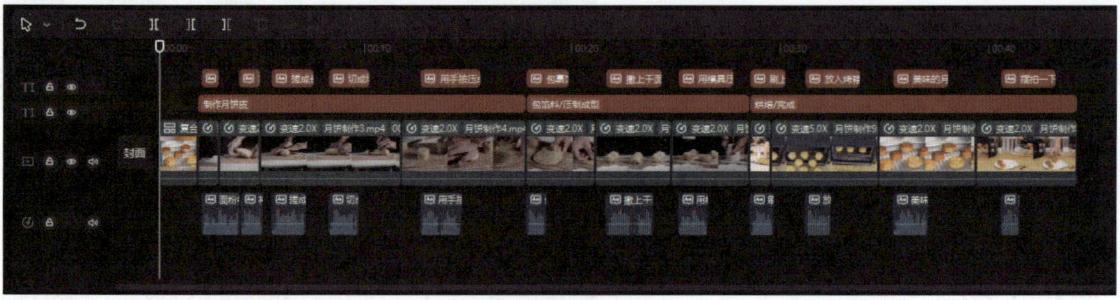

图 8-77　自动生成音频

■8.4.4 添加转场和音效

扫码观看视频

最后，为视频添加转场和音效，让视频呈现更完美的效果。下面介绍其具体操作步骤。

步骤 01 将时间轴定位于复合片段和第1段视频素材的连接位置，在媒体素材区中打开“转场”面板，在“转场效果”组中选择“叠化”分类，添加“画笔擦除”转场效果，如图8-78所示。

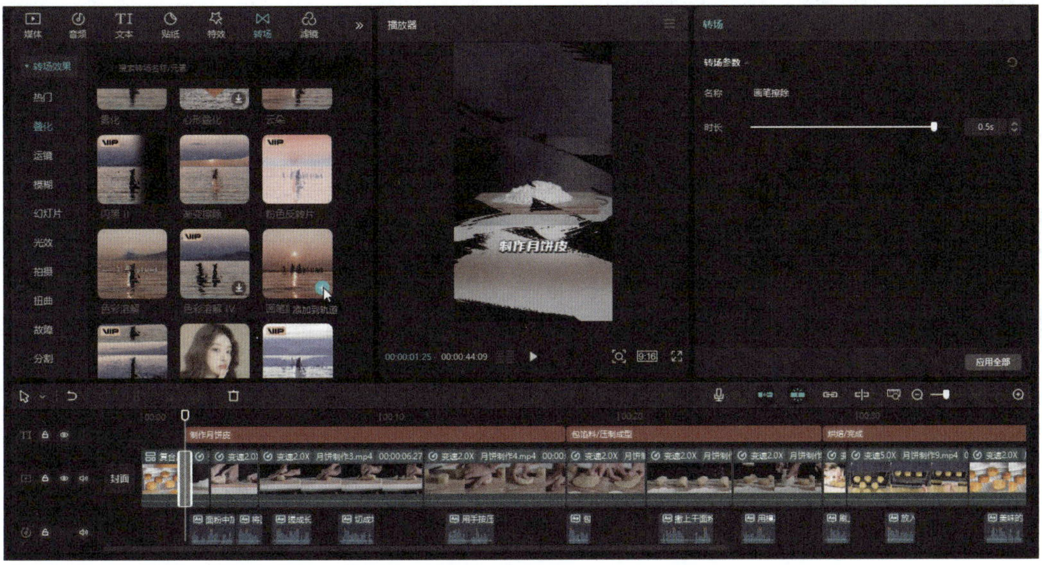

图 8-78 添加“画笔擦除”转场效果

步骤 02 将时间轴移动到转场效果的开始位置，在媒体素材区中打开“音频”面板，在“音效素材”界面中搜索“擦除转场”，添加一个合适的转场音效，如图8-79所示。

图 8-79 添加转场音效

步骤03 将时间轴移动到主轨道中最后两段视频素材的连接位置，在媒体素材区中打开“转场”面板，在“转场效果”组中的“拍摄”分类内添加“拍摄器”转场。随后在属性调节区中的“转场”面板中设置转场时长为“1.0s”，如图8-80所示。

图 8-80　添加“拍摄器”转场

步骤04 适当调整时间轴的位置，在“音频”面板中的“音效素材”界面内搜索“相机快门”，添加一个合适的相机快门音效，如图8-81所示。

图 8-81　添加快门音效

步骤05 最后添加背景音乐，设置音乐素材的时长，添加淡出效果，如图8-82所示。

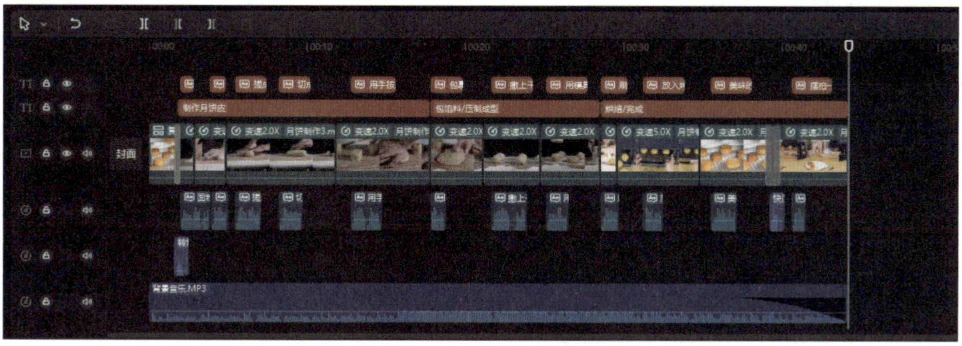

图 8-82 添加背景音乐

步骤06 预览视频，查看美食Vlog短视频的制作效果，如图8-83所示。

图 8-83 预览效果

参考文献

[1] 麓山剪辑社. 剪映视频剪辑/调色/特效从入门到精通：手机版+电脑版[M]. 北京：人民邮电出版社, 2023.

[2] 张晓涵. 剪映短视频剪辑与运营标准教程：全彩微课版[M]. 北京：清华大学出版社, 2024.

[3] 秋叶, 刘涵, 李欣眉. 秒懂短视频剪辑[M]. 北京：人民邮电出版社, 2023.

[4] 王舒. 零基础学短视频一本通：内容策划+拍摄制作+后期剪辑+运营推广[M]. 北京：北京大学出版社, 2023.

[5] 木白. 运镜师手册：短视频拍摄与脚本设计从入门到精通[M]. 北京：北京大学出版社, 2023.

[6] 龙飞. 剪映教程：3天成为短视频与Vlog剪辑高手[M]. 北京：清华大学出版社, 2021.